Ueber die spinalen Sensibilitätsbezirke der Haut.

Von

Geh. Med.-Rat Prof. Dr. A. Goldscheider.

I. Die Struktur der spinalen Sensibilitätsbezirke der Haut.
(Mit 45 Abbildungen im Text.)

II. Die Topographie der spinalen Sensibilitätsbezirke der Haut.
(Hierzu Tafeln I—IV und 3 Abbildungen im Text.)

Sonderabdruck aus Zeitschrift für klinische Medizin. Bd. 84 u. 85.

Springer-Verlag Berlin Heidelberg GmbH
1917

Additional material to this book can be downloaded from http://extras.springer.com

ISBN 978-3-662-34748-5 ISBN 978-3-662-35068-3 (eBook)
DOI 10.1007/978-3-662-35068-3

I.

Die Struktur der spinalen Sensibilitätsbezirke der Haut.

(Mit 45 Abbildungen im Text.)

I. Vorbemerkungen.

Wie ich gezeigt habe[1]), erzeugt ein mechanischer Hautreiz eine überempfindliche Zone, deren Gestaltung, Ausbreitung und Andauer von der Art des Reizes, seiner Intensität und Dauer abhängt. Am auffälligsten wird die Erscheinung bei Anwendung eines Schmerzreizes von einiger Dauer, wie ich ihn durch Quetschung einer Hautfalte mittels einer Klemme hervorrufe. Hier kommt es zur Entwicklung eines umfangreichen hyperalgetischen Feldes, dessen Eigenschaften ich in den zitierten Abhandlungen beschrieben habe. Die Hyperalgesie äussert sich freilich auch in der unmittelbaren subjektiven Empfindung, aber diese entspricht bei weitem nicht der wirklichen Ausdehnung und Stärke der Ueberempfindlichkeit, wie man sie durch objektive mechanische Reizungen feststellt. Berührungen und Bestreichen der Haut erzeugen eine schmerzhafte Empfindung des Wundseins, stumpfer Eindruck, z. B. mit der Kuppe eines Streichhölzchens, eine schmerzhafte Druckempfindung. Diese Hyperalgesie ist nur eine Teilerscheinung einer allgemeinen Hyperästhesie, welche sich dadurch zu erkennen gibt, dass leichteste Berührungen mit einem gespitzten Hölzchen oder Haarpinsel eine erhöhte und verschärfte Druckempfindung mit auffälliger Nachdauer (ein „Summen“), auch ein langdauerndes Kriebeln oder Prickeln erzeugen. Stumpfer Druck erscheint fester, härter, sei es, dass der Druckreiz nur oberflächlich oder dass er mehr in die Tiefe wirkt. Man kann die Hyperästhesie von der Hyperalgesie dadurch trennen, dass man den Klemmendruck nicht bis zum Schmerzhaften steigert oder bei schmerzhafter Klemme die Grenzgebiete des hyperalgetischen Feldes untersucht, wo sich oft bei leichter und mässiger taktiler Reizung Hyperästhesie, bei stärkerer Reizung Hyperalgesie vorfindet.

1) Ueber Schmerz und Schmerzbehandlung. Zeitschr. f. phys. u. diät. Ther. 1915. Bd. 19. — Ueber Irradiation und Hyperästhesie im Bereich der Hautsensibilität. Arch. f. d. ges. Physiol. 1916. Bd. 165.

Was die Qualität der hyperästhetischen bzw. schmerzhaften Empfindungen betrifft, so möchte ich meine früheren Angaben dahin ergänzen, dass dieselbe davon abhängig ist, ob die Klemme mehr die oberflächlichen oder mehr die tiefen Schichten der Haut fasst. Erwähnt habe ich diese Beziehung übrigens schon.

Wird die Klemme so befestigt, dass sie nur die oberflächlichsten Schichten der Haut fasst, so macht sich die Hyperalgesie vornehmlich den leichtesten taktilen Reizen gegenüber geltend. Feine Berührungen erzeugen eine stechende, wie wunde Empfindung, welche sich oft durch auffällige Nachdauer auszeichnet, während der Tiefendruck zwar gleichfalls, aber doch deutlich weniger hyperalgetisch erscheint.

Eine tiefgreifende Klemme dagegen erzeugt eine ausgesprochene Hyperalgesie gegen Tiefendruck; mässiger oder starker Eindruck mit dem Zündholzköpfchen wird in der Haut bzw. in der Tiefe schmerzhaft-drückend, auch quetschend empfunden, während leichte Berührungen nur ein geringes Mass von Ueberempfindlichkeit erkennen lassen. Wenn man endlich die Klemme so anbringt, dass sie nicht allzu tief greift und die oberflächlichen Hautschichten mitfasst, so entsteht gleichzeitig eine Hyperalgesie für oberflächliche Berührung und tieferen Druck.

Um die oberflächlichsten Hautschichten möglichst isoliert zu fassen, bedient man sich am besten einer Klemme mit geringem Federdruck. Gelingt es, dieselbe so zum Sitzen zu bringen, dass nur ein feiner oberflächlicher Schmerz entsteht, so ist auch bei objektiver Reizung fast nur der „feine Flachschmerz" gesteigert; immerhin lässt der Tiefendruck eine gewisse tiefliegende Hyperalgesie erkennen.

Ganz entsprechend verhält sich die Hyperästhesie. Die leichte Klemme, oberflächlich und nicht schmerz-erzeugend appliziert, macht oberflächliche Hyperästhesie, welche besonders beim leisen Hinstreichen über die Haut erkennbar wird. Die Empfindung erscheint gegen die Norm verschärft, leicht prickelnd, summend, ohne schmerzhaft zu sein; sie kann jedoch von einer sekundären schmerzhaften Empfindung gefolgt sein. Bei tiefergreifender, schmerzloser Klemme entsteht, wie schon bemerkt, eine festere, härtere, gespanntere Druckempfindung.

Unmittelbar nach der Entfernung der schmerzhaften Klemme bleibt noch für wenige Sekunden eine Hyperästhesie zurück, während die Hyperalgesie schneller abklingt.

Man kann auch ausser der feinen oberflächlichen Schmerzhaftigkeit noch eine kutane und eine tiefere Hyperalgesie unterscheiden. Auf erstere ist ein in der Haut gefühltes Brennen, Schneiden und Wehgefühl zu beziehen, welches bei geringem und mässig starkem Druck eintritt, während bei tiefgreifender Klemme diese kutane Empfindung zurücktritt gegenüber einer Schmerzhaftigkeit der Hautunterlage auf tieferen Druck.

Diese Beobachtungen sprechen für eine gewisse Sonderung der Bahnen, auf welchen die oberflächliche, die kutane und die tiefere Sensibilität geleitet wird. Die Sonderung kann aber keine absolute sein, vielmehr sind zentrale Verbindungen anzunehmen.

Bei den folgenden Erörterungen wird die Hyperästhesie und ebenso die auf Hemmung zu beziehende Hypästhesie ausser Betracht bleiben, da alle Ermittlungen über die Struktur der spinalen Sensibilitätsbezirke, welche ich mitzuteilen habe, auf die hyperalgetischen Felder sich stützen.

Die Hyperalgesie, wie ich aus einer meiner früheren Abhandlungen noch einmal bemerke, durchläuft eine zeitliche Kurve, derart, dass sie schnell ansteigt, sich einige Zeit auf der Höhe hält und dann allmählich absinkt. Sie ist sowohl bezüglich ihrer Intensität wie ihrer Ausbreitung ganz abhängig von der Stärke des primären Schmerzes an der Befestigungsstelle der Klemme. Die Ausdehnung des hyperalgetischen Feldes ist dabei von der Qualität der Schmerzempfindung, ob oberflächliche oder tiefere, unabhängig, nur dass stets diejenige Qualität, welche durch die Art der Befestigung der Klemme vorzugsweise hervorgerufen wird, auch relativ am weitesten ausgedehnt ist, also bei oberflächlicher Klemme die oberflächliche, bei tiefgreifender Klemme die tiefe Schmerzhaftigkeit. Die einfache Hyperästhesie reicht, wie oben bemerkt, häufig noch etwas weiter als die Hyperalgesie.

Hieraus folgt, dass während der Sensibilitätsprüfung die Hyperalgesie nicht konstant bleibt, sondern an Stärke und Ausdehnung zunächst zu- und dann wieder abnimmt, ein Umstand, welchen man kennen und berücksichtigen muss. Immerhin hält sie sich meistens lange genug auf einer konstanten oder annähernd konstanten Höhe, so dass dieser Wechsel der Erregbarkeit bei den Untersuchungen kaum störend bemerkbar wird. Die Grenzen des hyperalgetischen Feldes sind nicht ganz scharf, vielmehr findet sich hier ein Uebergang von der normalen Sensibilität zur gesteigerten derart, dass die taktile Reizung zunächst abnorm stark empfunden wird (Hyperästhesie), und zwar so, dass bei stärkerem Eindrücken oft bereits ein leiser Schmerz hinzutritt, und dass nun beim weiteren Vordringen in das hyperalgetische Feld sehr schnell die Hyperästhesie und Hyperalgesie zunimmt. Stellt man die Prüfung auf ein konstantes Mass von Druck ein, so vermag man eine Zone unsicherer und eine solche sicherer Schmerzsteigerung immerhin so deutlich zu unterscheiden, dass man eine glatte und geschlossene Grenze der wirklichen Hyperalgesie mit grosser Sicherheit und Präzision feststellen kann, und es ist erstaunlich, mit welcher linearen Schärfe bei hinreichender Uebung die Grenze bei wiederholten Untersuchungen immer wieder angegeben wird. Die Zone der unsicheren Schmerzempfindung dient dabei im Sinne einer vorbereitenden Signalisierung der nahenden Grenze. Letztere kann übrigens auch von einer hypästhetischen Zone umschlossen sein, welche gleichfalls die Aufmerksamkeit auf die in kurzem Abstand folgende Grenze der Hyperalgesie hinlenkt. Die Uebung ist freilich, wenn man gesicherte Ergebnisse erlangen will, von grosser Bedeutung. Es handelt sich hier um ein sinnesphysiologisches Phänomen, dessen Beobachtung erlernt sein will; wer es im ersten Anlauf nicht bestätigen zu können vermeint, möge dies beachten. Uebung gehört auch dazu, die Aufmerksamkeit von der an der Klemme zustande kommenden örtlichen Schmerzempfindung abzulenken und ausschliesslich der taktilen Reizung zuzuwenden. Diese Aufgabe wird übrigens dadurch erleichtert, dass es im allgemeinen genügt, mit nur mässig schmerzhaften Klemmen zu arbeiten, um die im folgenden zu beschreibenden Beobachtungen zu machen, ja dass vielfach gerade leicht schmerzhafte Klemmen am besten zum Ziele führen. Manche Personen vermögen Beobachtungen an ihren Hautsinnesnerven, wie sie hier in Betracht kommen, überhaupt schwer auszuführen, weil die Klemme ihnen ausgebreitete Parästhesien der verschiedensten Art erzeugt, ja schon die taktilen Reizungen an sich bleibende störende Nachempfindungen hinterlassen; wer mit einer so gesteigerten Hautempfindlichkeit ausgestattet ist, wird meine Befunde nicht nachprüfen können.

Es ist ferner eines Umstandes zu gedenken, welcher die Untersuchung erschwert. Es kommt nämlich vor, dass durch die taktile Prüfung selbst die Erregbarkeit gesteigert wird, so dass an das hyperalgetische Feld angrenzende Hautstellen nach einigen Berührungen überempfindlich bzw. hyperalgetisch reagieren. Ich finde dies Vorkommnis besonders dann, wenn durch den Klemmensitz die oberflächliche Hautsensibilität gesteigert ist, weniger im Bereich der Tiefensensibilität. Schon aus diesem Grunde kann die Erscheinung zu einer wirklichen Fehlerquelle nicht werden; auch wandert die durch die taktile Reizung gebahnte Hyperalgesie keineswegs ins Uferlose, sondern lässt den Bezirk nur etwas ausgedehnter erscheinen, ohne die regelmässigen Beziehungen seiner Gestaltung, von welchen unten zu sprechen sein wird, aufzuheben.

Dass der Sitz der Hyperalgesie bzw. Hyperästhesie und der Irradiation nicht in der Peripherie, sondern in zentralen Leitungsbahnen zu suchen ist, geht, wie ich bereits früher ausgeführt habe, aus folgenden Momenten hervor:

1. Es ist an sich schon sehr unwahrscheinlich, dass so zahlreiche peripherische Anastomosen existieren, wie sie angenommen werden müssten, um die grosse Ausdehnung der Felder zu erklären.

2. Die Beteiligung der Tiefensensibilität durch den Hautreiz spricht dafür, dass die Uebertragung an einer Stelle stattfindet, wo die verschiedenen Sensibilitätsbahnen miteinander kommunizieren; dies kann nur das sensible Kerngebiet (spinales Hinterhorn) sein (bzw. das zerebrale Zentrum).

3. Eine Uebertragung des Reizes in der Peripherie von Nervenfaser auf Nervenfaser ist überhaupt nicht denkbar.

4. Vor allem entspricht die Form der hyperalgetischen Felder, wie sich ausnahmslos zeigen lässt, den spinalen und nicht den peripherischen Bezirken. Nur am Trigeminus verhält sich dies anders; hier kommen die den einzelnen 3 Aesten entsprechenden Bezirke heraus. Aber sehr wahrscheinlich entsprechen die Trigeminusgebiete drei aufeinander folgenden Metameren, sie setzen den Typus der zervikalen Gebiete unmittelbar nach oben hin fort.

Ich habe an der ganzen Körperoberfläche mittels der Hyperalgesiemethode die Bezirke festgestellt und durchgehend den spinalen Typus bestätigen können. Ueber diese Untersuchungen, durch welche unsere Kenntnisse über die spinalen Sensibilitätszonen nach verschiedenen Richtungen hin erweitert werden, wird eine Publikation erfolgen.

5. Auch die folgenden Ausführungen und Beschreibungen enthalten in sich selbst den Beweis, dass es sich um spinale Gebiete handelt.

II. Struktur der hyperalgetischen Felder.

Die hyperalgetischen Felder stellen längliche Bezirke dar, welche sich meist proximal weiter erstrecken als distal. Das Feld entwickelt sich nach Anheftung der Klemme so, dass es zunächst schnell eine gewisse proximale, distale und seitliche Ausdehnung gewinnt und sich sodann langsamer weiter ausbreitet, um bei einer bestimmten Grösse stehen zu bleiben und sich dann wieder zurückzubilden. Ich komme auf diese Erscheinung, welche von einer besonderen Bedeutung ist, noch einmal zurück. Das Wachstum des Feldes geschieht im allgemeinen nach allen Seiten, jedoch nicht in gleichem Masse. Vielmehr wiegt, wie gesagt, die proximale Richtung vor; aber auch in distaler kann die Verbreitung recht ansehnlich sein.

Das Wandern der seitlichen Grenzen tritt hiergegen etwas zurück, wenn es auch nie fehlt. Eine Einschränkung der Ausdehnung des Feldes kann sich daraus ergeben, dass es in irgend einer, meist in seitlicher Richtung, an eine feste intersegmentale Grenzlinie anstösst — worüber unten näheres zu sagen ist.

Wenn man in ein und demselben Spinalgebiet mehrfach dicht hintereinander Hyperalgesie erzeugt, so macht man die Wahrnehmung, dass sich das hyperalgetische Feld schneller entwickelt und ausbreitet; es scheint hiernach, dass die nach der Entfernung der Klemme sofort verschwindende Hyperalgesie doch zentralwärts gewisse Rückstände hinterlässt, welche man sich als Verringerung der Leitungswiderstände bzw. Erhöhung der Erregungsbereitschaft (Verfeinerung der Neuronschwelle) vorstellen kann. Infolge dieser Erscheinung wird der Erfolg ein vollständigerer, wenn man die Klemme hinreichend lange wirken lässt oder, falls sich hierbei, wie dies häufig der Fall ist (vgl. meine früheren Arbeiten), die Hyperalgesie erschöpft, mehrfach nach einander im gleichen Gebiet, entweder ungefähr an gleicher Stelle oder in proximaler bzw.

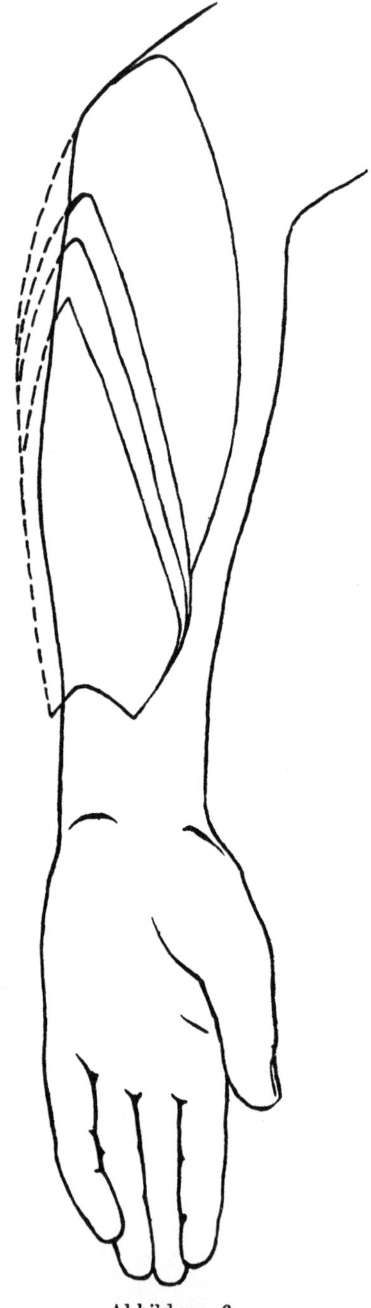

Abbildung 6.

Hyperalgetische Felder vom Ulnarrand des Unterarms her ausgelöst. Die distale Begrenzung ist als gleichbleibend dargestellt, die proximale zeigt verschiedene Grade der Ausdehnung. Die Knicke entsprechen der ulnaren segmentalen Mittellinie.

eine den ulnaren Anteil des Unterarms — bleiben wir zunächst bei diesem —, das andere den radialen Anteil desselben umfasst (D_1 und C_6). Die beiden Axiallinien bilden, allgemeiner ausgedrückt, die segmentalen Grenzlinien der beiden spinalen Bezirke. Man kann sich jedes dieser längsstreifigen Gebiete von einer Mittellinie durchzogen denken, welche den beiden segmentalen Grenzlinien parallel läuft und den Bezirk in zwei symmetrische Hälften teilt. Die Berechtigung, eine solche Mittellinie, die ich weiterhin als „segmentale Mittellinie" bezeichnen werde, anzunehmen, wird aus den nunmehr zu machenden Ausführungen hervorgehen. Die segmentalen Mittellinien für die beiden spinalen Unterarmbezirke werden ungefähr (näheres hierüber s. unten) mit den beiden Rändern des Unterarms, dem radialen und ulnaren, an welchen die volare und dorsale Fläche zusammenstossen, zusammenfallen. Setzt man die Klemmen an den Rändern an, so erhält man nun in der Tat hyperalgetische Felder, welche je von der volaren bis zur dorsalen Axial-, d. h. segmentalen Grenzlinie reichen und in ihrer proximalen wie distalen Ausbreitung ein sehr vollkommenes Bild der Spinalbezirke, unseren hierüber bereits bestehenden Kenntnissen entsprechend, geben. Man kann zwar bei jedem beliebigen Sitz der Klemme am Unterarm die Begrenzung des hyperalgetischen Feldes durch die Axiallinien feststellen, aber man bekommt vom Rande her (d. h. von der segmentalen Mittellinie) diese Abgrenzung am vollkommensten und zugleich ganz symmetrische Formen der hyperalgetischen Felder von einem regelmässig wiederkehrenden Typus (Abb. 6).

Die proximalwärts gerichteten bogenförmigen Begrenzungen scheinen aus den beiden Axial- (segmentalen Grenz-)Linien hervorzugehen[1]) und wenden sich mit ihren Schnittpunkten der segmentalen Mittellinie zu.

Es ist derselbe Typus, welcher in den vorher gegebenen Beispielen vom Rumpf und den unteren Extremitäten erkennbar war, nur dass jetzt Licht auf die Bedeutung dieser Bildungen geworfen wird: die Teilstücke des spinalen Bezirks werden durchweg durch Bogenlinien begrenzt, welche aus den beiderseitigen Grenzlinien derselben hervorgehen und in proximaler Richtung der segmentalen Mittellinie zustreben.

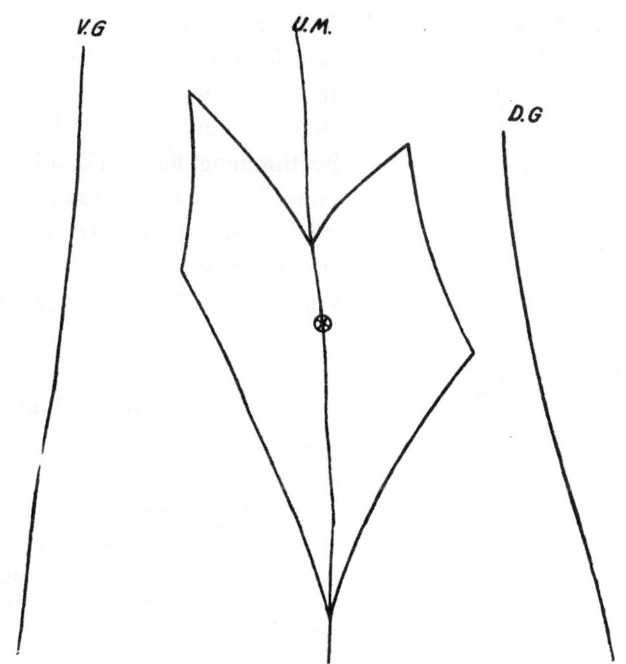

Abbildung 7. Mittellinienbezirk.
Linker Unterarm, innere Fläche. *U.M.* = Ulnare segmentale Mittellinie. *V.G.* = Volare segmentale Grenzlinie. *D.G.* = Dorsale segmentale Grenzlinie. ⊙ = Klemme. (Distal: oben.)

Sehr bemerkenswert gestaltet sich die distale Begrenzung am Unterarm (s. Abb. 7). Der Bezirk spaltet sich in zwei in der segmentalen Mittellinie zusammentreffende Anteile, welche distalwärts von zwei divergierenden Linien begrenzt werden. Dieselben verlaufen ähnlich wie die den Bezirk proximal abgrenzenden Linien gegen die segmentale Mittellinie konvergierend, auf welche sie in stumpferem Winkel als die proximalen Linien auftreffen.

---

1) In Wirklichkeit entstammen sie, wie die weiteren Untersuchungen zeigen werden, dem jenseits der Axiallinie gelegenen Raum.

Der Verlauf der „Richtlinien“ ist ein **konstanter**. Er findet sich an denselben Stellen bei den verschiedensten Untersuchungen immer wieder in gleicher Weise; auch dann, wenn die Klemme nicht in der segmentalen Mittellinie, sondern an anderen Punkten angebracht wird. Auch macht es für die Linienführung nichts aus, wenn durch Verschiebung der Klemme die proximale Begrenzung zur distalen oder die distale zur proximalen gemacht wird. Der Winkel, unter welchem die Grenzlinie in die segmentale Mittellinie einmündet, wird nach der Hand hin zunehmend stumpfer, nach dem Ellbogen hin zunehmend spitzer.

Abb. 8 gibt eine Anschauung von dieser Linienführung, welche an meinem Arm auf das genaueste festgestellt, mehrfach überprüft und sodann mit genauem Ausmass abgezeichnet wurde. Dieser Figur liegt bereits eine präzise Bestimmung der **wirklichen** segmentalen Mittellinie zugrunde, auf welche ich später eingehe. Ohne die Kenntnis des Verlaufs der Mittellinie kann ein Verständnis für die Begrenzungsformen

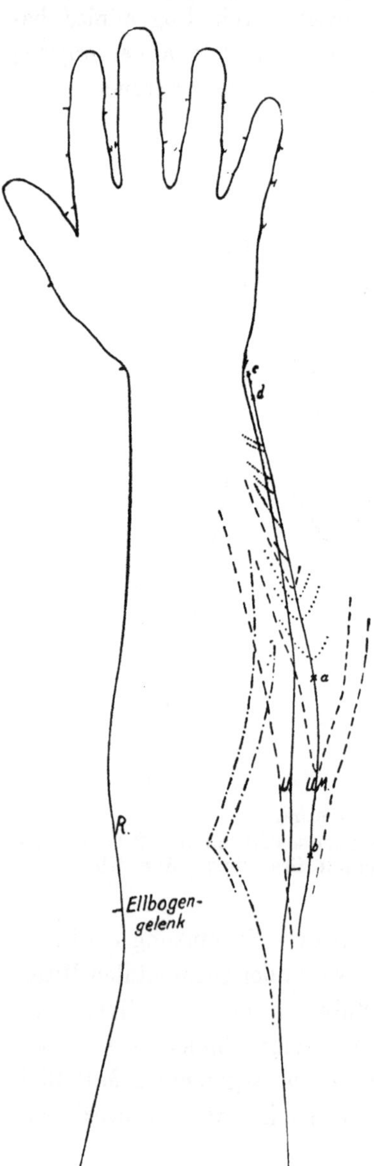

Abbildung 8.

Proximale und distale Begrenzungslinien und bogenförmige Richtlinien an der Volarfläche des linken Unterarms.

R. = Radialer Unterarmrand.
U. = Ulnarer Unterarmrand.
U. M. = Genau bestimmte ulnare segmentale Mittellinie, welche über den Ulnarrand der Volarfläche hinaus auf die innere Fläche des Unterarms tritt.

Vier Klemmen *a, b, c, d* in der ulnaren segmentalen Mittellinie.

— — — — gehört zur Klemme *a*.

Die beiden proximalen Begrenzungen entsprechen verschiedenen Stärkegraden der Klemme *a*.

. . . . . . Verschiedene distale Grenzlinien zu Klemme *a* und *b* gehörig, entsprechen verschiedenen Stärkegraden derselben.

— · — · — · gehört zur Klemme *b*.

Der radialwärts gerichtete Winkel wurde sehr genau bestimmt.

. . . . gehört zur Klemme *c*. Proximale Grenzlinien.

Von Klemme *c* und *d* werden auch die übrigen bereits festgelegten distalen und proximalen Grenzlinien mittels Steigerung der Klemmintensität wiedergefunden. Die Linien sind somit konstant und nicht nach dem Sitz der Klemme veränderlich.

der Teilbezirke nicht gewonnen werden; es hat lange gedauert, ehe es mir gelang in das Gesetz der Linienführung einzudringen und erst die Festlegung der Mittellinie klärte die verwirrende Mannigfaltigkeit der Formen auf.

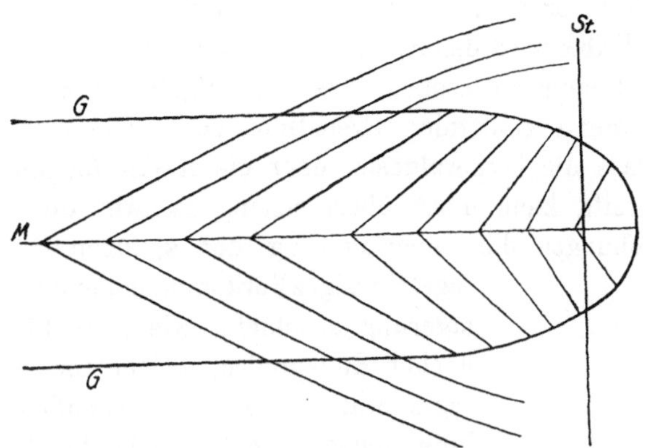

Abbildung 9. Spinaler Brustbezirk.
St. = Mittellinie des Sternums. *G.* = Segmentale Grenzlinien.
M. = Segmentale Mittellinie.

Der beschriebene Bau der segmentalen Teilbezirke ist nun keineswegs auf den Arm beschränkt, sondern findet sich ausnahmslos in allen spinalen Sensibilitätsgebieten. Abb. 9 zeigt die Struktur eines Brustbezirks. In den parallelstreifig begrenzten Rumpfzonen, von denen Abb. 10 ein Beispiel gibt, sind die Verhältnisse besonders übersichtlich. Es erübrigt sich von den sonstigen Körpergegenden Figuren beizubringen, da sie nur Bekanntes wiederholen würden.

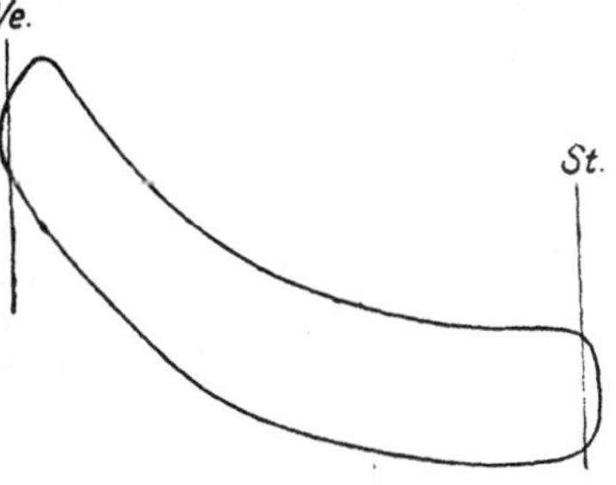

Abbildung 10.
Spinaler Thorakalbezirk.
Ve. = Vertebrallinie.
St. = Mittellinie des Sternums.

Durchweg also streben die Grenzlinien des Teilbezirks proximal konvergierend der segmentalen Mittellinie zu, während sie distal divergierend in die segmentalen Grenzlinien einlaufen und diese überschreiten. Dieses Gesetz gewährt uns, wie schon hier bemerkt sein möge, die Möglichkeit einer präzisen Bestimmung der segmentalen Grenzlinien einerseits, der Mittellinien andererseits.

Die der Axial- (segmentalen Grenz-)Linie zugekehrte Begrenzungslinie des Mittellinienfeldes (s. Abb. 7) zeigt sehr merkwürdige Verhältnisse. Sie wendet der Axiallinie ihre Konkavität zu, sei es, dass das Feld die Axiallinie nicht erreicht, sei es, dass es dieselbe überschreitet. Wie früher bemerkt, hängt die Ausbreitung des Feldes von der Schmerzhaftigkeit der Klemme ab. Wir sind in der Lage mittels Steigerung des Klemmschmerzes[1]) das hyperalgetische Feld wachsen zu lassen und dabei die Veränderung seiner Begrenzungen zu beobachten. Das Mittellinienfeld (Abb. 7) entspricht einer schwachen Klemme. Man braucht den Klemmschmerz nur etwas zu steigern, um die Hyperalgesie sofort bis zur Axiallinie, bzw. bis zu beiden Axiallinien, ja über diese hinaus vorzutreiben. Dabei wird das Spinalgebiet in seiner Längsausdehnung noch nicht vollkommen betroffen, das hyperalgetische Feld bleibt, auch wenn es von einer segmentalen Grenzlinie zur anderen reicht, noch ein Teilbezirk. Dass die Hyperalgesie über die Axial- (segmentale Grenz-) Linie hinübergreift, kann nicht überraschen, da wir durch Sherrington's Untersuchungen die Ueberlagerung der spinalen Bezirke als ein regelmässiges Vorkommnis kennen. Diese Ueberlagerung geschieht, wie Abb. 11 zeigt, mittels flacher Bogenlinien, welche ihre Konkavität der segmentalen Grenzlinie zuwenden. Die Bogenlinie muss somit, sobald das hyperalgetische Feld sich so weitet, dass die segmentale Grenzlinie erreicht wird, ihre Krümmung wechseln. Dies geschieht tatsächlich, wie ich in zahlreichen Untersuchungen immer wieder bestätigt fand. Wir haben hierin wiederum ein Mittel, um die Lage der segmentalen Grenzlinie zu erkennen.

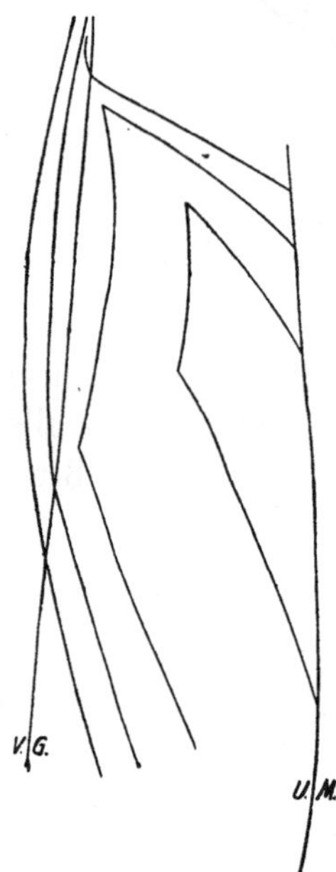

Abbildung 11.

Unvollständige und vollständige Mittellinienfelder.

Die Figur zeigt die Veränderung, welche das Mittellinienfeld beim Anwachsen durch Verstärkung der Klemmwirkung erleidet. Beim Ueberschreiten der Axiallinie entstehen die in das Nachbargebiet einstrahlenden Bogenbildungen (Ueberlagerungsgebiet). Volarfläche des Unterarms.

V. G. = Volare segmentale Grenzlinie (Axiallinie).
U. M. = Ulnare segmentale Mittellinie.

Erreicht das hyperalgetische Feld gerade die segmentale Grenzlinie, so findet sich häufig eine Felderung derart, dass der von beiden Bogenlinien umschlossene, die Grenzlinie bedeckende Raum einen etwas geringeren Grad von Hyperalgesie darbietet, als der übrige hyperalgetische Bezirk (Abb. 12).

Das zu jedem spinalen Hautbezirk gehörige Ueberlagerungsgebiet steht zu demselben in einem ganz bestimmten Verhältnis, indem es sich der Struktur desselben einfügt und einen wesentlichen Bestandteil derselben bildet. Die von der segmentalen Grenzlinie zur segmentalen Mittellinie proximal aufsteigenden Linien kommen nämlich in Wirklichkeit von

1) Durch Anziehen der Schraube oder durch Erfassen einer dünneren Hautfalte.

dem distalen Ende der Grenzlinie her, durchschneiden zunächst in Bogenform das Ueberlagerungsgebiet und überschreiten die segmentale Grenzlinie, um sodann der segmentalen Mittellinie zuzustreben. Abb. 13 bringt diese Struktur zur Anschauung. Zwei benachbarte kutane Spinalgebiete stossen in der segmentalen Grenzlinie G G zusammen. Sie sind nur bis zu ihren bezüglichen Mittellinien m m gezeichnet. Der auf den ersten Blick fremdartig anmutenden Darstellung sind die Verhältnisse des Arms zugrunde gelegt. Die Grenzlinie G G möge etwa der volaren Axiallinie des Arms entsprechen; die beiden segmentalen Mittellinien verlaufen an dem ulnaren und radialen Rande des Arms und vereinigen sich am distalen Ende der Spinalzone mit der segmentalen Grenzlinie.

Die segmentale Grenzlinie stellt sich als die Verbindungslinie der Schnittpunkte der bogenförmigen „Richtlinien" dar, durch welche jede spinale Hautzone in zahlreiche zierliche, distalwärts spitz, proximalwärts breit auslaufende Sektoren aufgespalten wird. Selbstverständlich enthält das Strukturschema keine verbindlichen Angaben über die Anzahl der Sektoren und die Genauigkeit der Bogenkrümmungen; es ist eben ein Schema. Aber die Linienführung kommt der Wirklichkeit sicherlich ausserordentlich nahe, denn ich habe durch zahllose Klemmen, an den verschiedensten Punkten der Armbezirke angesetzt, den Bautypus ermittelt und immer wieder überprüft und bestätigt und bin auf diese Weise zur Feststellung des Aufbaues des Spinalgebietes und der zugehörigen Ueberlagerungszone gelangt, welcher uns in dem Strukturschema in seinem einheitlichen Prinzip und seiner einfachen Schönheit entgegentritt.

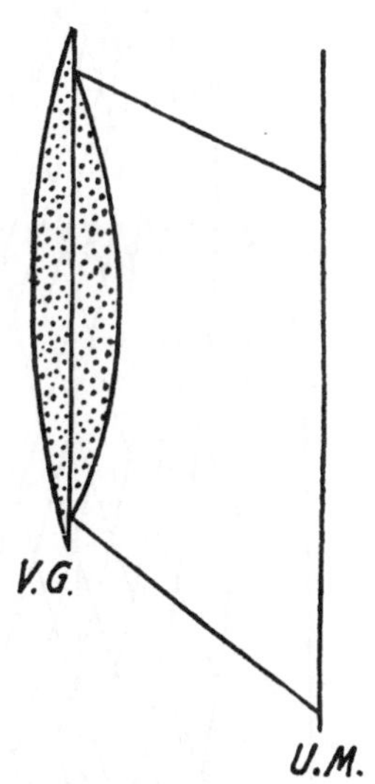

Hyperalgetisches Mittellinienfeld, welches gerade an die volare segmentale Grenzlinie (Axiallinie) heranreicht. Das punktierte Gebiet zeigt eine geringere Hyperalgesie als der übrige Bezirk.

V. G. = Volare segmentale Grenzlinie (Axiallinie).
U. M. = Ulnare segmentale Mittellinie.

Abbildung 12.

Die Linienführung lässt nunmehr auf einen Blick erkennen, wie es kommt, dass die von der segmentalen Grenzlinie zur Mittellinie proximalwärts aufsteigenden Linien zunehmend steiler werden.

Die Ueberlagerung ist am distalen Ende des Spinalbezirks am geringsten, nimmt proximalwärts zu und weiterhin wieder ab.

Da jede kutane Spinalzone aus je zwei durch die segmentale Mittellinie geteilten symmetrischen Hälften besteht, so kann die hier für je eine Hälfte dargestellte Struktur leicht für den Gesamtbezirk ergänzt werden.

Abb. 14 zeigt die beschriebene Struktur an einem Unterarmbezirk, gleichfalls nur für eine der beiden symmetrischen Hälften des Bezirks ausgeführt.

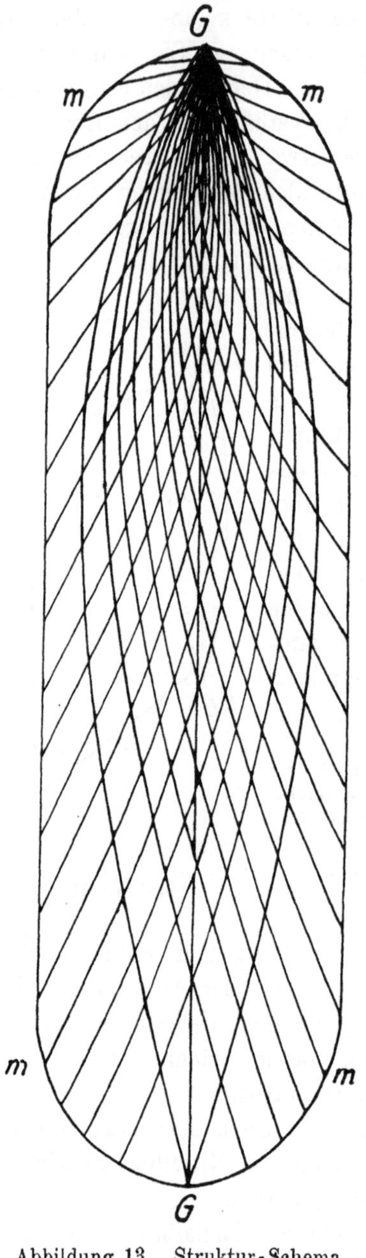

Hiernach kann man einen Typus der *Mittellinienbezirke*, d. h. derjenigen hyperalgetischen Felder, welche durch eine in der segmentalen Mittellinie gesetzte Klemme erzeugt werden, entwerfen: und zwar einen *unvollständigen*, welcher die beiderseitigen segmentalen Grenzlinien nicht erreicht, und einen *vollständigen*, welcher sie erreicht oder überschreitet. Auch der vollständige Typ braucht nicht notwendig den gesamten zugehörigen spinalen Bezirk zu umfassen, sondern kann sowohl in proximaler wie in distaler Richtung von den Grenzen desselben weit entfernt bleiben; er stellt somit an sich nur einen Teilbezirk des spinalen Feldes dar.

Abbildung 13. Struktur-Schema. (S. 13.)

Der Typus des vollständigen Mittellinienbezirks ist in Abb. 15 dargestellt; die gebrochenen Linien entsprechen dem unvollständigen Typ. Die von den segmentalen Grenzlinien zur Mittellinie proximalwärts aufsteigenden Linien gehen in Wirklichkeit nicht aus jenen hervor (s. oben), sondern stellen die Fortsetzung von Bogenlinien dar, welche die Grenzlinien übergreifen und von dem distalen Ende des spinalen Bezirks kommen. Durch das Zusammentreffen bzw. richtiger ausgedrückt die gegenseitige Annäherung der bogenförmigen Linien jenseits der segmentalen Grenzlinien bilden sich zugespitzte hyperalgetische Streifen von sehr auffälliger Art. Ein solcher ist in y naturgetreu, in z in abgekürzter Form zur Darstellung gebracht. Der hyperalgetische Streifen ist eine mehr oder weniger grosse Strecke weit distalwärts zu verfolgen und verliert sich *allmählich* ohne scharfe distale Abgrenzung (y). Eigentlich müsste man den Streifen bis zum äussersten distalen Ende des spinalen Bezirks hin nachweisen können, was aber dadurch unmöglich wird, dass die Hyperalgesie mit wachsender Entfernung abnimmt und die Grenzen des spinalen Feldes nicht erreicht. Die geschlossene Zeichnung bei z entspricht daher nicht genau der Wirklichkeit, sondern stellt eine gewisse Konzession an die Uebersichtlichkeit dar; immerhin entspricht dieser Abschluss der Zone der relativ stärksten Hyperalgesie, welche darüber hinaus sich allmählich verflüchtigt.

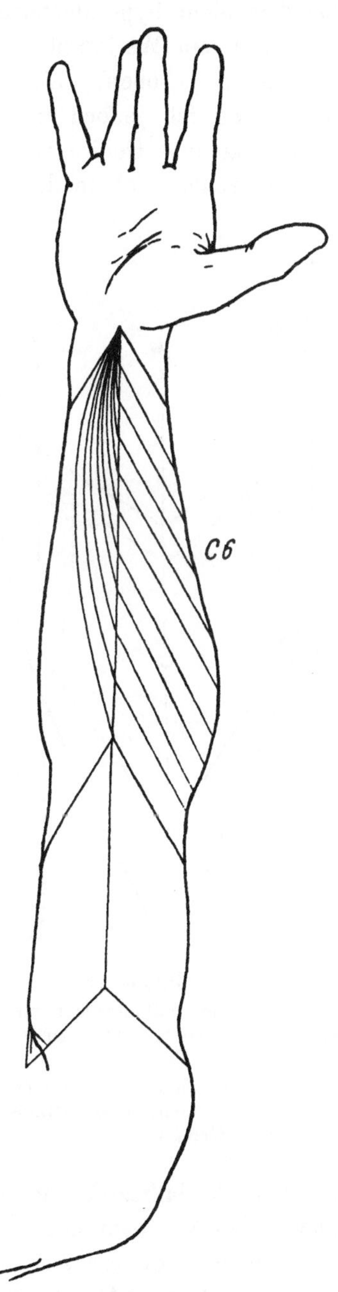

Abbildung 14.

Lange Zeit hindurch wurde ich durch diese hyperalgetischen Streifen insofern irre geführt, als ich glaubte, dass sie identisch mit den segmentalen Grenzlinien (Axiallinien) seien; erst nach vielfältigen und immer wiederholten Untersuchungen vermochte ich den wahren Sachverhalt zu enthüllen, wie er in der Figur dargestellt ist: die Streifen liegen neben den segmentalen Grenzlinien; je nachdem ganz dicht oder etwas weiter entfernt von ihr, was von dem Verhältnis der zusammentreffenden Bogenlinien zueinander abhängt.

Die konkave Abgrenzung des unvollständigen Typus gegen die segmentale Grenzlinie ist durch die gleiche Bogenbildung bedingt; sie ist das Negativ der vom spinalen Nachbarbezirk über die segmentale Grenzlinie her eindringenden Bogenlinien. Ich konnte dies mit aller Schärfe nachweisen, indem ich mittels Klemmen im benachbarten Gebiet, d. h. jenseits der Axiallinie hyperalgetische Felder erzeugte, welche über diese Linie herüberreichend so endigten, dass ihre konvex gebogene Grenze sich mit der konkaven Grenze der unvollständigen Felder deckte.

Die Erklärung dieses Verhaltens ist nicht ganz einfach, denn das hyperalgetische Feld wird durch die Innervation des gereizten Segments gebildet; die Bogenbildung aber, von welcher hier die Rede ist, gehört der Innervation des Nachbarsegments an, welches mit dem ersten Segment eine Hautzone gemeinschaftlich versorgt. Das hyperalgetische Feld kann nicht wohl dadurch eingeengt werden, dass die Haut gleichzeitig von dem nicht hyperalgetischen Nachbarsegment innerviert wird; freilich kann sich ein Wettstreit der Empfindungen bilden, was tatsächlich oft der Fall ist (s. oben). Eine unmittelbare Beeinflussung kann nicht stattfinden. Es ist jedoch nicht unwahrscheinlich, dass bei der weiteren Fortleitung zum Gehirn eine solche eintritt; die Trennung der Leitungsbahnen, welche sich in der gemeinschaftlichen Innervation der Haut von zwei (oder mehreren) Rückenmarkssegmenten her ausdrückt, kann hirnwärts nicht weiter bestehen, da man sonst zu der Folgerung käme, dass ein und derselbe Hautpunkt im sensiblen Hirnfeld mehrfach vertreten wäre. Wie diese Beeinflussung zu denken sei, entzieht sich freilich vorläufig unserem Verständnis.

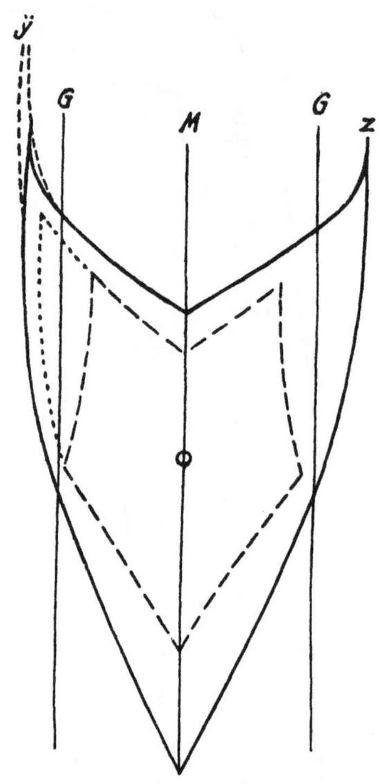

Abbildung 15.
Schema des vollständigen und unvollständigen Mittellinienbezirks.
(Näheres s. Text.)
M. = Segmentale Mittellinie.
G. = Segmentale Grenzlinie.
○ = Klemme.

Nach der Struktur der segmentalen Innervation sollte man erwarten, dass das unvollständige hyperalgetische Feld die durch die Punktlinie in Abb. 15 angegebene Begrenzung findet. Tatsächlich tritt in dem zwischen der Punktlinie und der gebrochenen Linie gelegenen Bezirk nicht selten Empfindungswettstreit ein, bzw. es findet sich hier ein Feld von geringerer Hyperalgesie, aber die stärkere Hyperalgesie setzt doch an der gebrochenen Linie definitiv ein.

In Abb. 16 ist eine Anzahl von „vollständigen" Mittellinienbezirken vom Unterarm dargestellt. Wir sehen hier die Abb. 6 berichtigt. Die Richtlinien, welche die Sektoren bzw. die durch die Klemme herausgeschälten Partialbezirke abgrenzen, gehen tatsächlich nicht, wie es zunächst den Anschein hatte (Abb. 6), aus der Axial- (segmentalen Grenz-) Linie hervor, sondern aus den beschriebenen Bogenbildungen des Ueberlagerungsgebiets. Die Figur lässt ausserdem die symmetrische Struktur der beiden durch die Mittellinie geteilten Hälften des Spinalbezirks erkennen, von welchen die eine der Volar-, die andere der Dorsalfläche des Unterarms angehört.

Untersuchen wir nunmehr — um später noch einmal auf die Mittellinienbezirke zurückzukommen —, welche Form des hyperalgetischen Feldes entsteht, wenn die Klemme in der volaren oder dorsalen Axiallinie des Unterarms (segmentale Grenzlinie) befestigt wird. Die Hyperalgesie muss hierbei die beiden in der Grenzlinie zusammenstossenden spinalen Bezirke erfassen, wir werden somit auf kompliziertere Bildungen gefasst sein müssen.

Bei starker Klemme entsteht ein hyperalgetisches Gebiet von sehr grosser Ausdehnung, welches den Unterarm rund umfasst (Abb. 17 u. 19). Die Klemme hat aus den beiden Spinalbezirken des Unterarms ein ansehnliches Stück herausgeschniten, und zwar so, dass das dem ulnaren Bezirk angehörige Teilgebiet dem des radialen ganz ähnlich, fast kongruent ist. Was uns hierbei vor allem auffällt, ist der Umstand, dass die Wirkung der Klemme sich von der einen Axiallinie bis zur anderen erstreckt. Dies lässt bereits ahnen, dass wenn die eine der beiden symmetrischen Hälften des Spinalgebietes — welche in der segmentalen Mittellinie zusammenstossen — ergriffen wird, sich diese Veränderung auch der anderen Hälfte mitteilt. Wir werden alsbald sehen, dass diese Vermutung tatsächlich zutrifft. Im übrigen zeigt das Feld dieselbe typische Umgrenzung wie der Mittellinienbezirk.

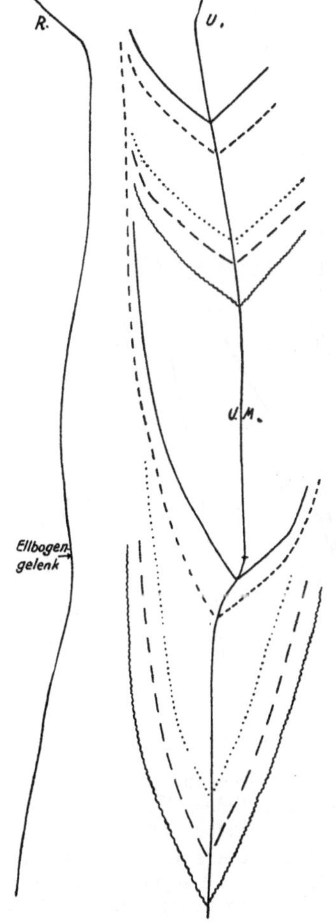

Mittellinienbezirk vom linken Unterarm, Volarfläche.

R. = Radiale Seite.
U. = Ulnare Seite.
U. M. = Genau festgelegte ulnare segmentale Mittellinie.

Es sind die distalen und proximalen Grenzen von fünf hyperalgetischen Mittellinienbezirken dargestellt, welche durch Klemmen verschiedenen Höhensitzes in der ulnaren segmentalen Mittellinie erzeugt wurden. Die auf die Dorsalfläche des Unterarms übergehenden Anteile sind nicht vollständig ausgezeichnet worden.

Die gleichartig signierten distalen und proximalen Grenzen gehören je zu einem Bezirk.

Signaturen: ———— / - - - - - - / .... / — — — / ~~~~~~

Abbildung 16.

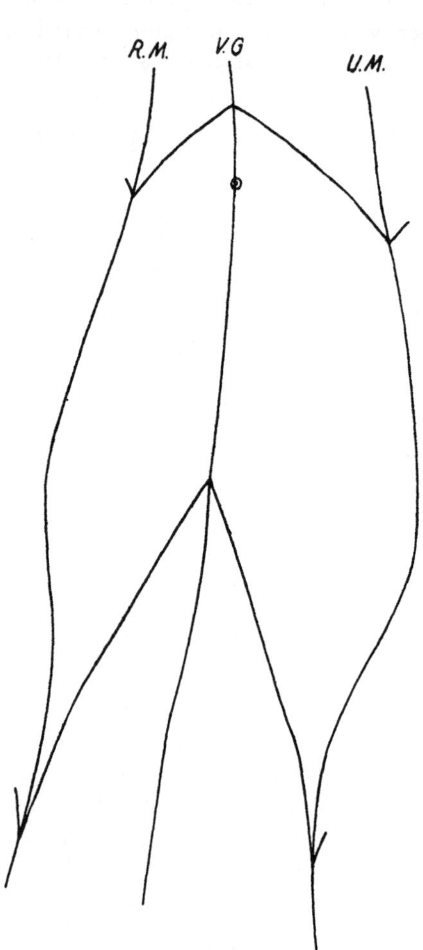

Abbildung 17.

Axiales (Grenzlinien-) Gebiet von der Vola des linken Unterarms, auf die Fläche projiziert.

R. M. = Radiale segmentale Mittellinie.
U. M. = Ulnare segmentale Mittellinie.
V. G. = Volare segmentale Grenzlinie (Axiallinie).
⊙ = Klemme.

An der Dorsalfläche des Unterarms befindet sich ein korrespondierendes hyperalgetisches Feld (vgl. Abbild. 19).

Die distalen „Zacken" sind weggelassen worden.

Die Volarfläche des Unterarms ist von der einen zur anderen segmentalen Mittellinie auf die Fläche abgerollt worden.

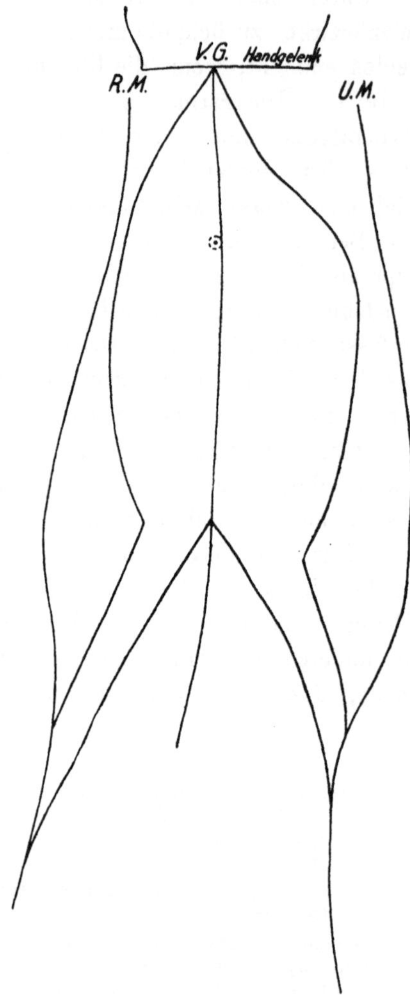

Abbildung 18.

Axialer (Grenzlinien-) Bezirk von der Vola des linken Unterarms, auf die Fläche projiziert.

R. M. = Radiale segmentale Mittellinie.
U. M. = Ulnare segmentale Mittellinie.
V. G. = Volare segmentale Grenzlinie (Axiallinie).
⊙ = Klemme.

An der Dorsalfläche des Unterarms befindet sich ein korrespondierendes hyperalgetisches Feld (vgl. Abbild. 19).

Die distalen „Zacken" sind weggelassen worden.

Die Volarfläche des Unterarms ist von der einen zur anderen segmentalen Mittellinie auf die Fläche abgerollt worden.

Das Handgelenk ist körperlich angesetzt.

Wenn wir den Klemmendruck schwächer wählen, so zieht sich das hyperalgetische Feld zusammen, der vollständige Grenzlinienbezirk wird zum unvollständigen. Hierbei ergeben sich nun sehr merkwürdige Gebilde, deren Feststellung wie Verständnis mir ausserordentliche Mühe verursacht hat.

Abb. 18 zeigt einen solchen Bezirk von der Volarfläche des Unterarms. Die eigentümliche Form erinnert an ein Knollengewächs mit zwei Wurzeln. Geradezu überraschend wirkt es nun, dass sich an der Dorsalfläche des Unterarms ein ganz ähnliches, sich gleichfalls um die Axiallinie gruppierendes hyperalgetisches Feld findet (Abbildung 19). Ueberraschend und doch erwartet, wenn man sich der vorigen Figur des vollständigen Bezirks erinnert. Damit ist denn nun auch erwiesen, dass wirklich der Erregungszustand der einen Hälfte des Spinalgebiets sich der symmetrischen anderen Hälfte desselben mitteilt, und dass der segmentalen Mittellinie

Korrespondierende axiale (Grenzlinien-) Bezirke an der Dorsalfläche des linken Unterarms, zu den volaren axialen (Grenzlinien-) Bezirken in Abbild. 17 und 18 gehörig. Auf die Fläche projiziert.

——— Korrespondierender Dorsalbezirk des in Abbildung 18 gezeichneten volaren Bezirks.

— — — Korrespondierender Dorsalbezirk des in Abbildung 17 gezeichneten volaren Bezirks.

R. M. = Radiale segmentale Mittellinie.

U. M. = Ulnare segmentale Mittellinie.

*D. G.**) = Dorsale segmentale Grenzlinie (Axiallinie).

Die Dorsalfläche ist von segmentaler Mittellinie zu segmentaler Mittellinie auf die Fläche abgerollt worden.

Das Handgelenk ist körperlich angesetzt.

Die distalen „Zacken“ sind weggelassen worden.

*) In der Abbildung versehentlich mit *V. G.* bezeichnet.

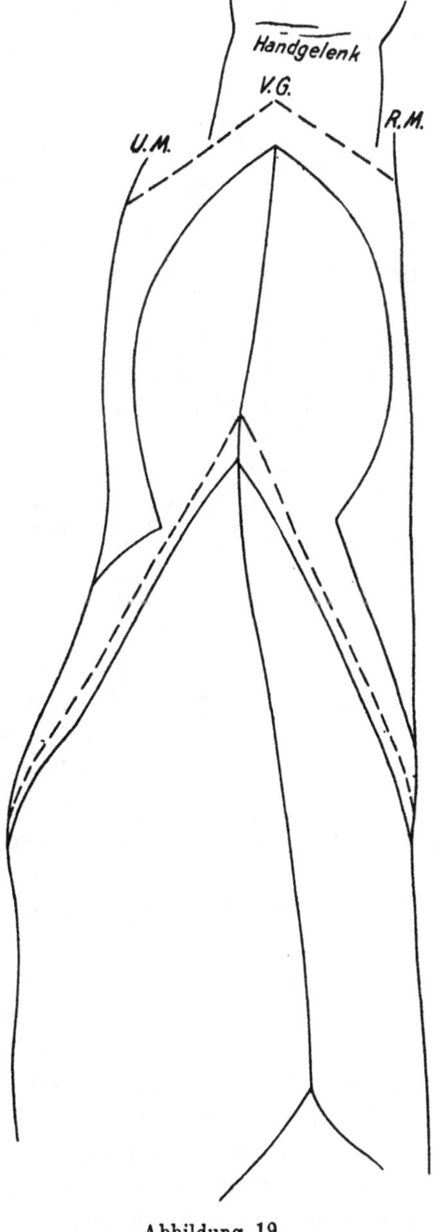

Abbildung 19.

tatsächlich die Bedeutung zukommt, die Spinalzone in zwei „korrespondierende Felder" zu zerlegen, welche ihre Erregungszustände einander wiederspiegeln.

Die Gestaltung des „unvollständigen" Grenzlinienbezirks wird wieder durch die Bogenlinien beherrscht, auf welche sich der Bezirk von der segmentalen Mittellinie her zurückzieht, wenn er durch Abschwächung der Klemmwirkung vom vollständigen in den unvollständigen übergeht. Eine schematische Darstellung möge diese Verhältnisse erläutern (Abb. 20). Die in der segmentalen Grenzlinie angebrachte Klemme trifft sowohl den spinalen Bezirk A wie B. In ersterem erzeugt sie ein hyperalgetisches Feld a b c vom bekannten Typ, welches in den Bezirk B hineinragt und dort bogenförmig, die Konkavität der Grenzlinie zugewandt, abschliesst. Ein ganz entsprechendes Feld d e f wird im spinalen Bezirk B erzeugt. In ihrer Zusammensetzung bilden die beiden Felder das Gebiet a g e b h d f c a als „vollständigen" Grenzlinienbezirk. Wenn sich dieser nunmehr durch Verringerung der Klemmwirkung verkleinert, so zieht er sich von den beiderseits gelegenen segmentalen Mittellinien auf die bogenförmigen Linienführungen zurück; damit ist die Begrenzung des „unvollständigen" Bezirks gegeben. Sehr auffällig ist es nun, wie sich hierbei die proximalwärts divergierenden Strahlen, welche gegen die beiderseitigen segmentalen Mittellinien hinziehen, erhalten; sie lassen erkennen, dass auch der reduzierte Bezirk noch nach der Mittellinie hinstrebt, gleichsam als ob er in ihr verankert sei. Diese Ausläufer können sich bei weiterer Verschmälerung des hyperalgetischen Feldes ausserordentlich verengen, so dass sie als bleistiftdicke Linie erscheinen; weiterhin verkürzen sie sich dann, so dass sie die Mittellinien nicht mehr ganz erreichen, aber sie verschwinden erst bei starker Reduktion des Grenzlinienfeldes. In diesem Zustande präsentiert sich letzteres als ein länglicher beiderseits von flachen Bogenlinien begrenzter, der Grenzlinie aufgelegter hyperalgetischer Streifen, — welchem ein kürzerer und schwächerer Streifen an der gegenüberliegenden segmentalen Grenzlinie korrespondierend entspricht.

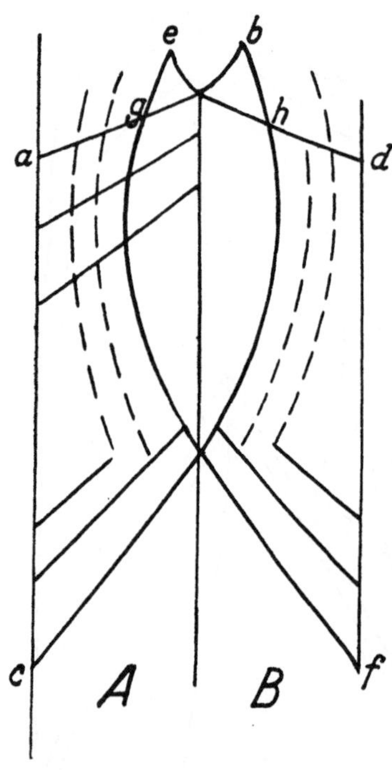

Abbildung 20.
Schema der unvollständigen Grenzlinienbezirke (Näheres s. im Text).

Allen Gestaltungen des hyperalgetischen Feldes, wie sie durch die axialen bzw. paraaxialen Klemmen an der Volarfläche des Unterarms hervorgerufen werden, entsprechen korrespondierende an der Dorsalfläche (s. oben), nur dass die Hyperalgesie hier geringer erscheint als an der ersteren und dass im Zusammenhange hiermit die Ausdehnung der Felder — nicht immer, aber oft — hinter derjenigen an der Volarfläche zurücksteht. Es braucht kaum bemerkt zu werden, dass alles dieses vice versa gilt: Klemmen in der dorsalen Axiallinie erzeugen korrespondierende hyperalgetische Felder an der Volarfläche.

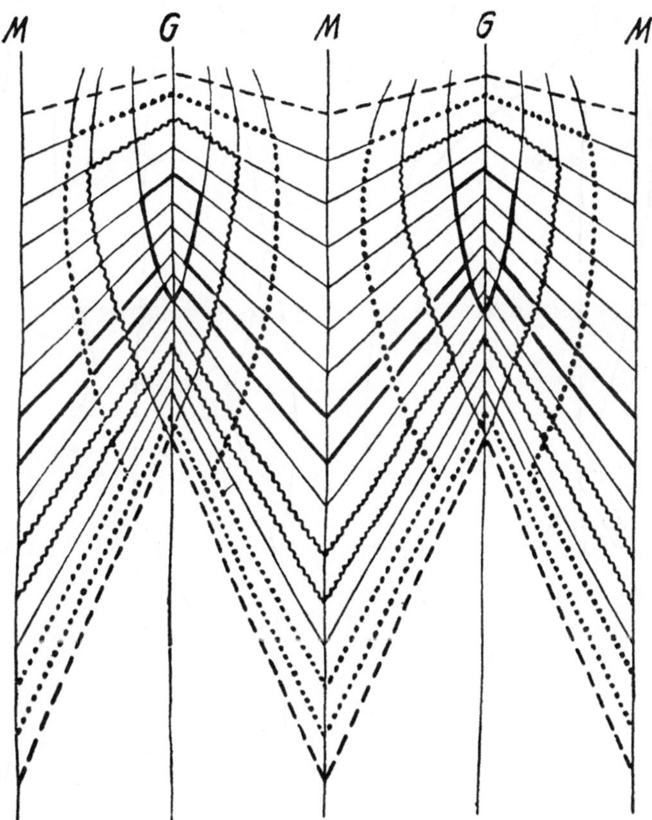

Abbildung 21. Vier schematische Grenzlinienbezirke mit korrespondierenden Feldern.
M. = Segmentale Mittellinie. *G.* = Segmentale Grenzlinie.
1) — — — Vollständiger Bezirk.
2) ...... }
3) ~~~~~ } Unvollständige Bezirke von absteigendem Umfang.
4) ——— }
Die distalen „Zacken“ sind aus Gründen der Auschaulichkeit weggelassen worden.
Beim kleinsten Bezirk (———) ist eine proximale Spitze gezeichnet, während die anderen Bezirke eine entsprechende Aussparung zeigen. Es kommt beides vor.

Wenn man mittels einer in der Vola angebrachten axialen Klemme ein hyperalgetisches Feld in der ersteren erzeugt und aufzeichnet und nunmehr an der Dorsalfläche eine ebenso orientierte Klemme anbringt, so findet man das volare hyperalgetische Feld ebenso wieder, nur dass die Empfindlichkeit geringer ist, ein überraschender Versuch!

Bei schwacher Klemme reduziert sich das axiale hyperalgetische Feld auf ein ovales, von der Axiallinie geteiltes Feld. Abb. 21 gibt eine schematische Uebersicht über die Typen der axialen (Grenzlinien-)Felder mit ihren korrespondierenden Bezirken. Beim Unterarm sind die beiden

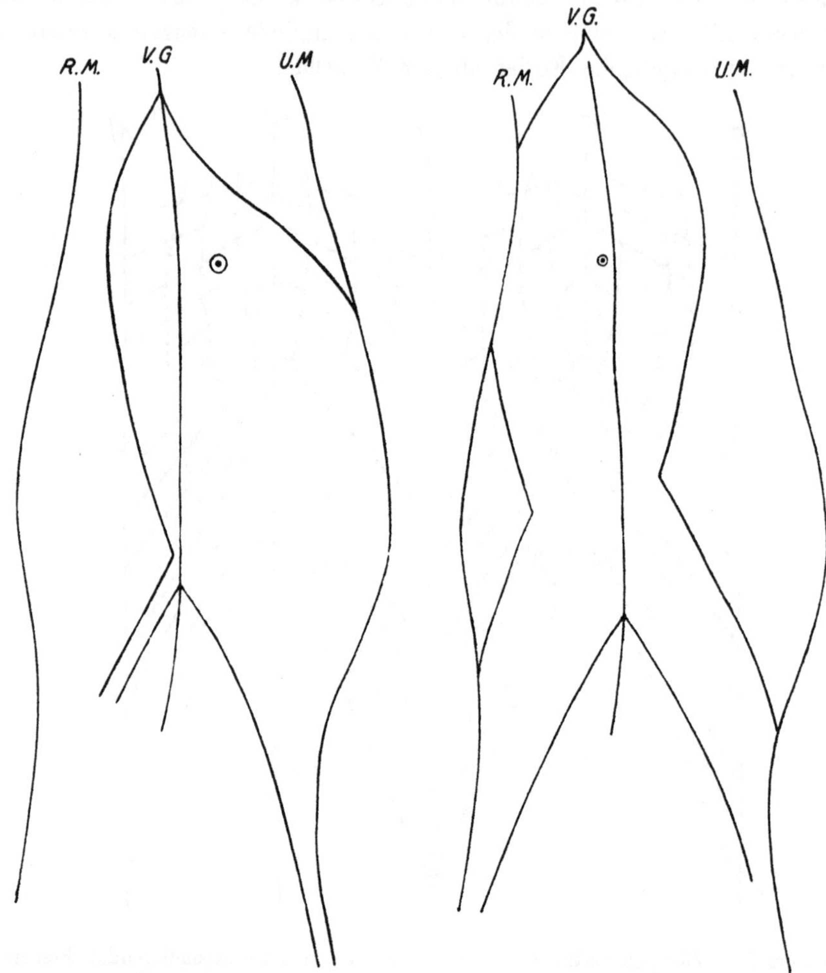

Abbildung 22.

Zwischenklemmenbezirk von der Vola des linken Unterarms, auf die Fläche projiziert.

R. M. = Radiale segmentale Mittellinie.
U. M. = Ulnare segmentale Mittellinie.
V. G. = Volare segmentale Grenzlinie (Axiallinie).
⊙ = Klemme.

Die distalen „Zacken" sind weggelassen worden.

Die Volarfläche des Unterarms ist von der einen zur anderen segmentalen Mittellinie auf die Fläche abgerollt worden.

Das Feld ist ulnarwärts mehr ausgebildet als radialwärts.

Abbildung 23.

Zwischenklemmenbezirk von der Vola des linken Unterarms.

R. M. = Radiale segmentale Mittellinie.
U. M. = Ulnare segmentale Mittellinie.
V. G. = Volare segmentale Grenzlinie (Axiallinie).
⊙ = Klemme.

Die distalen „Zacken" sind weggelassen worden.

Das Feld ist radialwärts mehr ausgebildet als ulnarwärts.

Spinalgebiete so vorzustellen, dass die beiden äusseren Seiten wieder zusammenschliessen, so dass der Arm rings umgeben ist.

Die seitliche Begrenzung wird stets durch eine mit der Konkavität nach der Axial- (segmentalen Grenz-)Linie gerichtete Bogenlinie dargestellt. Beim Uebergang über die Mittellinie wiederholt sich das Spiel, welches wir oben bei der Axiallinie kennen gelernt haben: der Bogen schlägt um und sieht mit seiner Konkavität nunmehr nach der neuen Axiallinie, — in diesem Falle, da wir von der Volarfläche ausgegangen sind, nach der dorsalen (vgl. Abb. 21).

Hält man den Typus der Grenzlinienbezirke mit demjenigen der Mittellinienbezirke zusammen, so erkennt man einerseits die Identität der Linienführung, andererseits die Besonderheit der Orientierung der segmentalen Grenzlinien und der segmentalen Mittellinien. Ersteren streben die Linien in distaler Richtung zu, letzteren in proximaler. Will man demgemäss die Fortsetzung einer segmentalen Grenzlinie auffinden, so muss man von einer Grenzlinienklemme (oder einer in der Nähe der Linie angebrachten) ausgehend distalwärts tasten; will man die segmentale Mittellinie verfolgen, so muss man umgekehrt und bei entsprechend abgeänderter Technik proximal vorschreiten.

Im Endergebnis sind die axialen und Mittellinienklemmen gleich, wenn man nämlich die letzteren so stark wählt, dass sie vollständig in das Nachbarsegment irradiieren, worüber unten zu sprechen ist.

Wird die Klemme in dem zwischen der segmentalen Grenzlinie und segmentalen Mittellinie befindlichen Gebiet angesetzt, so entstehen hyperalgetische Felder, welche den Grenzlinientyp mit dem Mittellinientyp kombiniert erkennen lassen. Der allgemeine Charakter dieser „Zwischenklemmenfelder" ist derjenige der Asymmetrie, wie sie die Abb. 22 und 23 zeigen.

Zum Verständnis dieser Formen diene folgende Betrachtung. Infolge der gegenseitigen Ueberlagerung muss die Klemme, auch wenn sie sich von der segmentalen Grenzlinie entfernt, immerhin noch auf beide aneinander stossende Spinalbezirke einwirken, aber sie wird das diesseits der Grenzlinie gelegene Spinalgebiet stärker beeinflussen als das jenseitige, von welchem sie nur eine entferntere Randschicht berührt — während sie in das diesseitige um so tiefer eindringt, je mehr sie von der Grenzlinie abrückt. In dem zugehörigen Spinalgebiet erzeugt die Klemme je nach ihrer Entfernung von der segmentalen Grenzlinie entweder einen vollständigen oder unvollständigen Grenzlinienbezirk oder einen vollständigen oder unvollständigen Mittellinienbezirk, vorausgesetzt, dass ihre Reizwirkung nicht so stark ist, dass sie einen vollständigen, zusammenfliessenden Grenzlinien-Mittellinienbezirk hervorbringt (vergl. unten) —, und dazu ein Feld, welches dem von ihr getroffenen Sektor des anstossenden Spinalgebietes entspricht. Dieser Sektor tritt wiederum als der bekannte proximalwärts zur segmentalen Mittellinie hinstrebende Strahl zutage; ferner, aber weniger deutlich, als distale Zacke.

Abb. 24 veranschaulicht diese Verhältnisse. Die Klemme erzeugt z. B. den vollständigen Mittellinienbezirk a b c d a und in dem anstossenden Spinalgebiet den Strahl e f (- - - -), welcher die proximale Verlängerung des Sektors des bogenförmigen Ueberlagerungsgebietes darstellt, der durch die Klemme getroffen wird.

Oder der Mittellinienbezirk ist unvollständig, etwa a g h i a entsprechend, dazu ein Strahl in der Richtung e f (········).

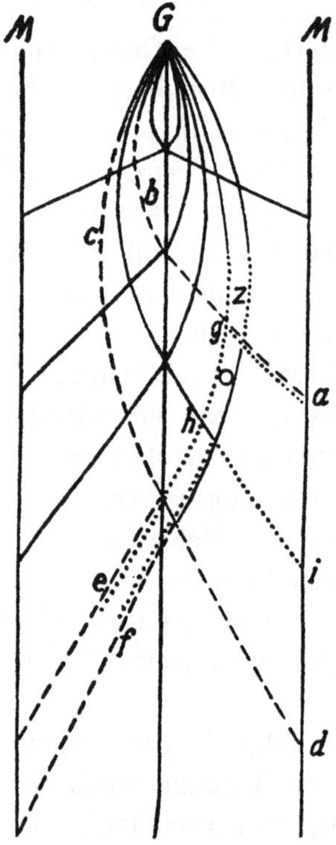

Abbildung 24.
Schema der Zwischenklemmenbezirke (paraaxialen Bezirke).
G. = Segmentale Grenzlinie.
M. = Segmentale Mittellinie.
○ = Klemme.
Näheres im Text.

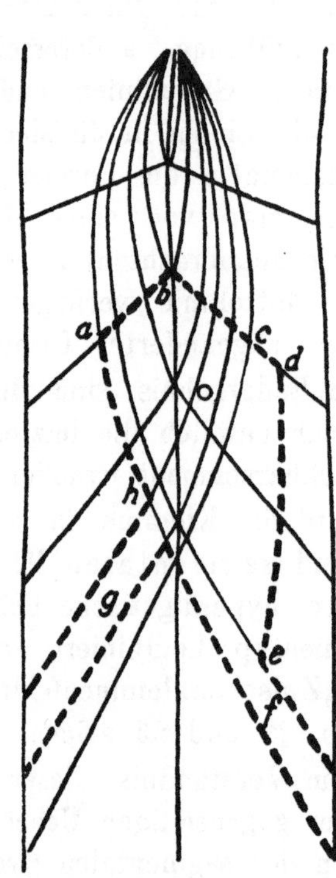

Abbildung 25.
Schema der Zwischenklemmenbezirke (paraaxialen Bezirke).
○ = Klemme.
In der Mitte die segmentale Grenzlinie. Näheres im Text.

Ein kurzer distaler dornartiger Fortsatz in der Richtung des getroffenen Sektors (z) kann sich ansetzen.

Oder die Klemme bringt einen unvollständigen Grenzlinienbezirk hervor, welchem eine nach der Mittellinie hin gerichtete Fortsetzung aufgepfropft ist (Abb. 25 a b c d e f g h a, wobei f und g die mehr oder weniger weit zu verfolgenden proximalen Strahlen bezeichnen: - - - -).

Hierzu kommt nun, dass die Klemmwirkung sich nicht auf den dem anstossenden Spinalgebiet zugehörigen Sektor beschränkt, sondern von diesem aus weiter in die betreffende Spinalzone irradiiert. Es kommt auf diese Weise zu mehr oder weniger umfangreichen hyperalgetischen Feldern vom Typus der unvollständigen Grenzlinienbezirke im benachbarten Spinalgebiet. Die Intensität und Extensität, mit welcher der Reiz in das letztere einstrahlt, hängt von der Stärke der Klemmwirkung ab. Stets ist die Hyperalgesie im Nachbargebiet geringer und beschränkter als in der zugehörigen Spinalzone; sie nimmt proportional der Hyperalgesie der letzteren zu und ab.

In welchem Umfange die Ueberlagerung der spinalen Hautterritorien stattfindet, ist nicht genau bekannt. Wahrscheinlich verhält sich das Ausmass derselben in den einzelnen Körpergegenden verschieden; am stärksten scheint sie an den Rumpfbezirken zu sein. Machen wir die willkürliche Annahme, dass am Unterarm die segmentale Mittellinie nicht ganz erreicht wird — in der schematischen Strukturdarstellung Abb. 13 ist diese Voraussetzung zugrunde gelegt —, so würde eine in der Mittellinie angelegte Klemme zunächst nur auf das zugehörige Spinalgebiet einwirken. Es scheint, dass dies im allgemeinen zutrifft. Jedoch steht der Annahme nichts im Wege, dass die Irradiation, nachdem sie die Breite des zugehörigen Spinalgebiets erfüllt hat, auch in das anstossende Spinalgebiet eindringt — auch ohne dass die Mittellinie dem Ueberlagerungsbezirk angehört. In der Tat gelingt es, durch starke Klemmreizung von der segmentalen Mittellinie aus eine Hyperalgesie des benachbarten Spinalgebiets am Unterarm zu erzeugen, so dass dasselbe den Unterarm umfassende Feld entsteht, wie wir es von der segmentalen Grenzlinie aus erzeugt hatten (Abb. 17 und 19).

Ehe ich auf den komplizierten Bau der hyperalgetischen Felder des Arms weiter eingehe, möge eine Schwierigkeit der Untersuchung erörtert werden, welche in der Natur der Sache begründet ist.

Die Mehrzahl der Hautpunkte dürfte je zwei verschiedenen Spinalgebieten angehören. Sollte die Ueberlagerung bis zur segmentalen Mittellinie reichen, so wäre dies sogar für jeden Punkt anzunehmen. Jeder Punkt bzw. jeder, welcher dem gemeinschaftlichen Innervationsbezirk zweier Spinalsegmente angehört, kann somit, sobald in dem einen derselben ein hyperalgetisches Feld erzeugt wird, gleichzeitig in ein hyperalgetisches und ein nichthyperalgetisches Feld zu liegen kommen. Bei ausgesprochener Hyperalgesie wird sich dies zwiespältige Verhältnis nicht störend geltend machen, wohl aber bei geringer, eben angedeuteter Hyperalgesie. Es tritt dann eine Art von Wettstreit zwischen schmerzhafter und unterschmerzlicher Empfindung ein (s. oben) und die in so labilem Gleichgewicht befindlichen Hautstellen können nunmehr durch den taktilen Reiz selbst ganz vorübergehend bahnend betroffen werden, so dass gleichsam unter dem Finger die Schmerzschwelle erreicht, aber auch schnell wieder verloren wird. Die Empfindlichkeit kann unter diesen Umständen von dem einen Liniensystem zum anderen wechseln.

Noch komplizierter gestaltet sich das Verhältnis, wenn die Hyperalgesie von dem erstbetroffenen Spinalgebiet wirklich in das Nachbargebiet irradiiert und somit nicht bloss der Ueberlagerungsanteil, sondern auch die Struktur des Nachbargebiets selbst beteiligt wird. Dann sind nämlich beide Liniensysteme hyperalgetisch, aber das dem gemeinschaftlichen Bezirk entsprechende (Bogenbildung) in höherem Grade als das eigene. Es kommt dann zu einem Auftauchen und Verschwinden hyperalgetischer und hyperästhetischer kleinster Hautsektoren. Die Begrenzungen des hyperalgetischen Feldes, namentlich des in das anstossende Ueberlagerungsgebiet eindringenden Anteiles desselben, können sich dann verlieren, so dass keine ganz geschlossenen Bezirke herauskommen. An die Bogenlinie setzen sich, wie dies Abb. 26 zeigt, verschiedene nur auf kurze Strecken nachweisbare und ohne präzise Abgrenzung sich verflüchtigende Fortsätze an, hyperalgetische Stücke und Streifen, welche den Richtlinien (Sektoren) entsprechend verlaufen. Sie werden zuweilen durch die Betastung selbst geweckt, entsprechend der Beobachtung, dass der hyperalgetische Zustand durch die Betastung selbst gebahnt werden kann. Hierdurch können irreführende Bilder und schwer zu verstehende Ergebnisse bedingt werden, und es hat mich viel Zeit und Mühe gekostet, ehe ich dahin gelangte, diese Sensibilitätsbefunde zu deuten. Bei hinreichender Uebung kann man jedoch dieser Schwierigkeiten vollständig Herr werden, um so mehr, als bei einer kleinen eingeschobenen Ruhepause die Erregbarkeit dieser kleinsten Hautfelder abklingt. Es ist wichtig, die Berührungen mit dem Hölzchen nicht zu schnell hintereinander folgen zu lassen.

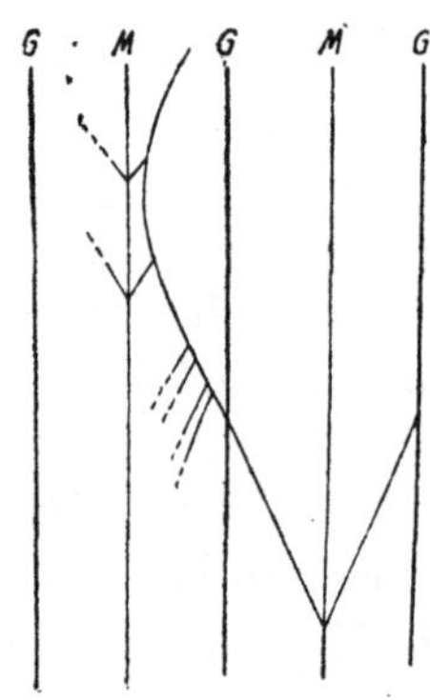

Abbildung 26.
G. = Segmentale Grenzlinien.
M. = Segmentale Mittellinien.
Näheres s. Text.

Die hyperalgetischen Felder, welche in der einen Hälfte eines Spinalbezirks hervorgerufen werden, lassen stets korrespondierende Felder in der symmetrischen anderen Hälfte entstehen, wie bereits oben ausgeführt worden ist, nur dass dieselben von geringerer Intensität und Ausdehnung sind. Dies gilt nicht nur für das im zugehörigen Spinalgebiet erzeugte Feld, sondern auch für dasjenige im Nachbargebiet. Es kommt somit am Unterarm zur Entwicklung ausgedehnter die Zirkumferenz desselben bedeckender Felder von verschiedenartiger und gelegentlich recht komplizierter Gestaltung. Abb. 27 gibt ein Bild der verschiedenen Formen von hyperalgetischen „Zwischenklemmen“-Feldern, wie sie sich bei einer Klemme des Unterarms finden, welche an der Volarseite unweit des Ulnarrandes, d. h. der ulnaren segmentalen Mittellinie näher liegend als der volaren segmentalen Grenz-(Axial)Linie, angebracht ist. Die drei Felder sind genau bestimmt, überprüft und abgezeichnet, sodann der Anschaulichkeit wegen halb schematisch reproduziert worden.

Die linke und rechte Grenze der Abbildung müssen als zusammenfallend vorgestellt werden, einem Aufriss der den Unterarm umgebenden Fläche entsprechend. Die drei Felder gehören drei Stärkegraden der Klemme an; das engste Feld entspricht einer schwachen Klemme. Es

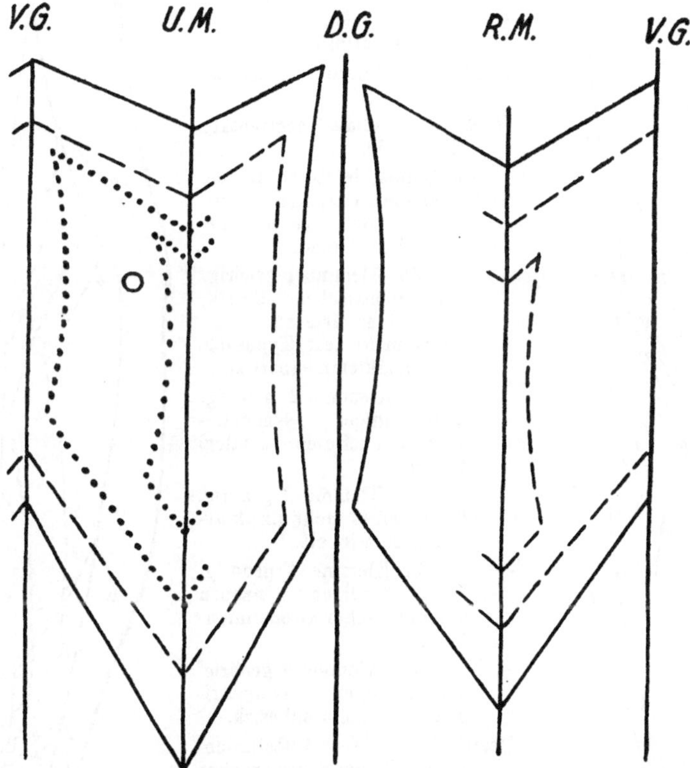

Abbildung 27. Schematische Darstellung der Zwischenklemmenfelder am Unterarm. *V.* G. = Volare segmentale Grenzlinie (Axiallinie). *D. G.* = Dorsale segmentale Grenzlinie (Axiallinie). *U. M.* = Ulnare segmentale Mittellinie. *R. M.* = Radiale segmentale Mittellinie. ○ = Klemme. ..... Gebiet der schwächsten Klemmenwirkung. — — — Gebiet der stärkeren Klemmenwirkung. ——— Gebiet der stärksten Klemmenwirkung.

setzt sich nur andeutungsweise auf die symmetrische Hälfte jenseits der Mittellinie fort, weil die Klemme eben schwach ist und in einiger Entfernung von der Mittellinie sitzt. Hier zeigt sich der Unterschied gegenüber der Mittellinienklemme, welche gleichmässiger auf die beiden symmetrischen Hälften des Spinalgebiets einwirkt.

Das weitere hyperalgetische Feld, der stärkeren Klemme zugehörig, reicht fast durch die ganze Breite des Spinalgebiets hindurch, gelangt aber doch nicht ganz bis zur dorsalen Axiallinie, weil eben wieder die

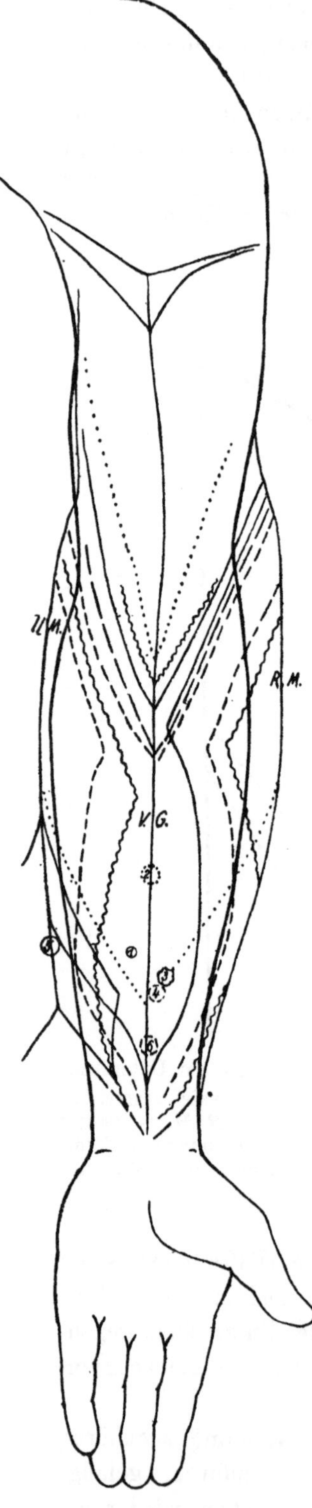

Abbildung 28.

Segmentale Grenzlinien- (axiale) Felder und paraaxiale (Zwischenklemmen-) Felder von der Volarfläche des linken Arms.

V.G. = Volare segmentale Grenzlinie (Axiallinie).

U. M. = Ulnare segmentale Mittellinie.

R. M. = Radiale segmentale Mittellinie.

Die beiden letzteren Linien sind über die Armränder hinaus gezeichnet, indem sie auf die Fläche projiziert sind.

——— Zu Klemme 1 gehörig. Unsymmetrischer Bezirk, mehr ulnarwärts als radialwärts entwickelt (Typus der Zwischenklemmenbezirke).

...... Zu Klemme 2 gehörig. Vollständiger symmetrischer Grenzlinien- (axialer) Bezirk.

~~~~~ Zu Klemme 3 gehörig. Radialwärts mehr als ulnarwärts entwickelt.

- - - - Zu Klemme 4 gehörig. Unvollständiger nahezu symmetrischer Grenzlinienbezirk.

— — — Zu Klemme 6 gehörig. Vollständiger symmetrischer Grenzlinienbezirk.

Bezirk 5 ——— Mittellinienbezirk, Typus der schwachen Klemme.

Abbildung 29.

Dieselben Bezirke wie in Abbildung 28, von der ulnaren Seitenfläche aus gesehen.

U. M. = Ulnare segmentale Mittellinie.

V.G. = Volare segmentale Grenzlinie (Axiallinie).

Abbildung 28. Abbildung 29.
~~~~~

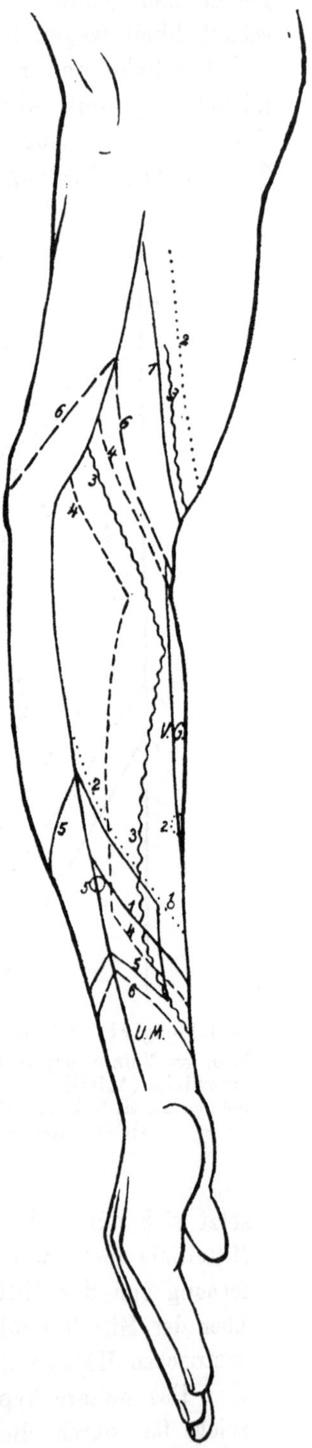

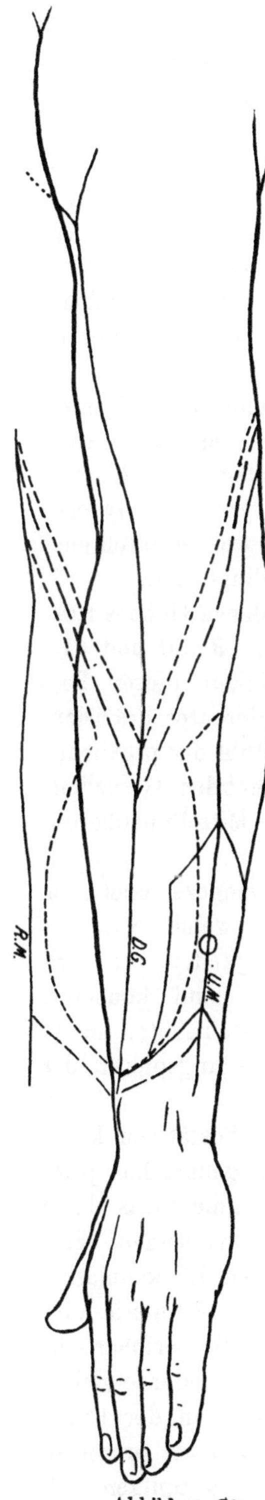

Abbildung 30.

Abbildung 30.

Korrespondierende Dorsalbezirke der in Abbildung 28 dargestellten Volarbezirke.

D. G. = Dorsale segmentale Grenzlinie (Axiallinie).

U. M. = Ulnare segmentale Mittellinie.

R. M. = Radiale segmentale Mittellinie (auf die Fläche abgerollt).

- - - - - - - - Korrespondierender Dorsalbezirk zum Bezirk 4.

— — — — Korrespondierender Dorsalbezirk zum Bezirk 6.

Abbildung 31.

Korrespondierender Dorsalbezirk zum volaren Bezirk 4 gehörig (vgl. vorige Abbildung), bei einer anderen die Dorsalfläche vollständiger zeigenden Armhaltung.

D. G. = Dorsale segmentale Grenzlinie (Axiallinie).

R. M. = Radiale segmentale Mittellinie.

Die Bogenlinien in der Schultergegend stellen die Abgrenzung gegen die Rumpfbezirke dar (vgl. meine Arbeit über die spinalen Sensibilitätsbezirke).

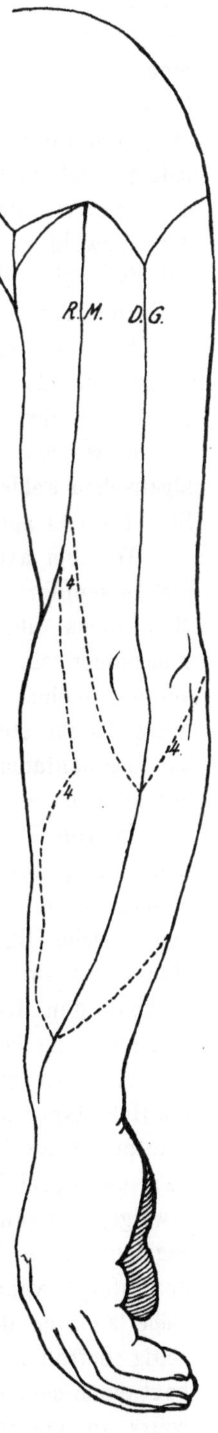

Abbildung 31.

Wirkung auf die symmetrische Hälfte ungenügend ist. Es schliesst vielmehr mit einer flachen Bogenlinie, die Konkavität gegen die Axiallinie gerichtet, ab. Jedoch irradiiert das Feld in das Nachbarspinalgebiet, wo es in der angrenzenden Hälfte ein Stück von axialem Typus schmerzempfindlich macht, ohne aber auf die symmetrische Hälfte des Nachbargebietes wirken zu können. Die stärkste Klemme endlich erzeugt ein umfangreiches Feld, welches an die Abb. 17 und 19 erinnert; jedoch auch hier besteht eine Lücke: im Bereich der gegenüber liegenden dorsalen Axiallinie (korrespondierendes Feld) ist die Wirkung erloschen, denn sowohl in der symmetrischen Hälfte des eigenen wie des Nachbargebiets endigt das Feld mit je einer Bogenlinie, die Konkavität einander, d. h. der Axiallinie zugekehrt.

So finden wir auch bei den Zwischenklemmen die wundervolle Gesetzmässigkeit der Richtlinien, welche eine Geometrie der Hautsensibilität vor uns erstehen lässt. Es bleibt dabei: man mag die Klemme setzen, wo man will, immer stösst man auf dieselben Typen der hyperalgetischen Felder, modifiziert durch die Verschiebungen, welche durch die Struktur des spinalen Innervationsgebiets notwendig bedingt sind.

Wie bei axialen und paraaxialen Klemmen verschiedenen Höhensitzes die Linienführung sich gestaltet, zeigen die Abb. 28, 29, 30 und 31. Man muss über die fast mathematische Regelmässigkeit dieser Begrenzungen staunen. Die Bezirke ordnen sich mit wunderbarer Präzision an- und ineinander. Wir stossen wieder auf das gleiche Bild der proximalwärts immer steiler werdenden Strahlen von der segmentalen Grenzlinie zur segmentalen Mittellinie, welches wir bereits vom Mittellinienbezirk her kennen.

In Abb. 28 und 29 ist auch ein Mittellinienbezirk eingezeichnet und man sieht, wie er sich in die Linienführung einfügt, welche von den axialen Klemmen stammen! Das sind keine Zufälligkeiten, sondern anatomische Existenzen! Ich wiederhole: diese Linien sind konstant. Man findet sie immer wieder, man mag zu verschiedensten Zeiten untersuchen, den Klemmensitz beliebig variieren, den Ausgangspunkt der Untersuchung beliebig wählen.

An den spinalen Rumpfgebieten ist, wie ich bestätigen kann, die Ueberlagerung eine sehr starke; nach Sherrington gehört hier jeder Hautpunkt zwei bzw. drei Spinalbezirken an. Die Klemme muss daher zwei oder drei Wurzelzonen gleichzeitig in Hyperalgesie versetzen. Eine etwaige zentrale Irradiation von dem primär gereizten Rückenmarkssegment in die kranial bzw. caudal angrenzenden Nachbarsegmente wird demzufolge wahrscheinlich verdeckt werden, weil schon die peripherische Ueberlagerung der Hautgebiete dazu führt, dass mehrere Segmente gleichzeitig betroffen werden. In der Tat erzeugt die Klemme an der Brusthaut einen sehr breiten (hohen) hyperalgetischen Bezirk, welcher proximalwärts in mehrere Spitzen (ich vermochte meist 3 bis 4 Spitzen festzustellen) ausläuft. Jede Spitze entpricht einer segmentalen Mittellinie. Derjenige Spinalbezirk, welchem die Klemme direkt angehört, zeigt die empfindlichste und am meisten proximalwärts hervortretende Spitze. Die Feststellung dieser Verhältnisse wird durch die natürliche Empfindlichkeit der Haut in dieser Gegend erschwert. Am Unterleib kam ich wegen der Schlaffheit der Haut nicht zu gesicherten Ergebnissen.

Nachdem nunmehr die Struktur des spinalen sensiblen Gebietes klargestellt ist, kann die schon mehrfach angedeutete Frage, wie die segmentalen Grenz- und Mittellinien zu bestimmen sind, näher erörtert werden.

1. Mittellinie. Das durch eine in der segmentalen Mittellinie angebrachte Klemme erzeugte hyperalgetische Feld spitzt sich proximalwärts nach der Mittellinie hin zu. Tastet man an dem spitzen proximalen Ende des Feldes weiter, so bemerkt man, dass sich dasselbe in Form eines schmalen, fast linearen Streifens noch eine kurze Strecke weit fortsetzt, bis sich die Hyperalgesie allmählich verliert. Dieser bleistiftbreite und sodann linienhafte Streifen ist die Mittellinie, denn wenn man ihn auf der Haut aufzeichnet und sodann durch Verschieben oder Verstärken der Klemme das hyperalgetische Feld in proximaler Richtung vortreibt, so sieht man die neu entstehenden Grenzlinien des Feldes genau so in die gezeichnete Linie einfallen, wie es bei der segmentalen Mittellinie zu geschehen pflegt.

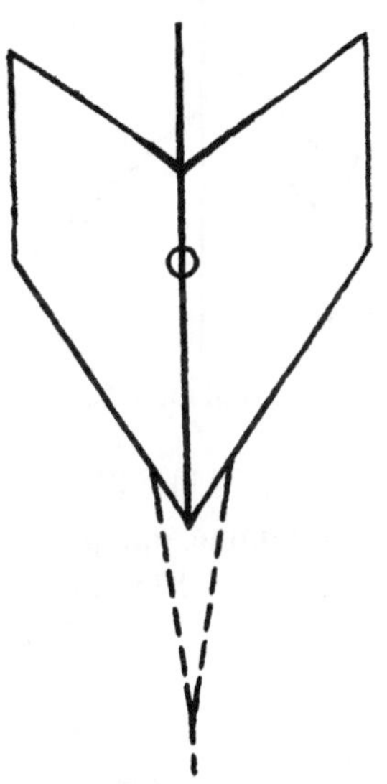

Abbildung 32.
Mittellinienbezirk.

Wahrscheinlich finden diese der Mittellinie zustrebenden Richtlinien nicht, wie es zunächst den Anschein hat, sofort ihr Ende, sobald sie in die Mittellinie eingetreten sind, sondern setzen ihren Weg noch eine Strecke weit fort (Abb. 32). So verlängert sich also das hyperalgetische Mittellinienfeld proximalwärts zu einem der Mittellinie selbst entsprechenden linearen Streifen, ein Umstand, welcher uns erlaubt, die proximale Fortsetzung der segmentalen Mittellinie jederzeit aufzufinden, wenn wir sie an einer Stelle bestimmt haben.

Um an irgendeiner Stelle die Mittellinie aufzufinden, genügt eine Klemme beliebigen Sitzes, da ja stets ein die Struktur enthüllendes hyperalgetisches Feld entsteht. Am schnellsten kommt man zum Ziele, wenn man in der Nähe der zu vermutenden Mittellinie Klemmen setzt. Auch ist es nicht unbedingt erforderlich, dass man, um die proximale Fortsetzung der Mittellinie aufzufinden, gerade genau in dieser die Klemme anbringt; immerhin können bei grösserer Abweichung von derselben Täuschungen vorkommen, weil das der symmetrischen Hälfte angehörige

Feld dann doch merklich weniger empfindlich ist als das diesseits der Mittellinie gelegene.

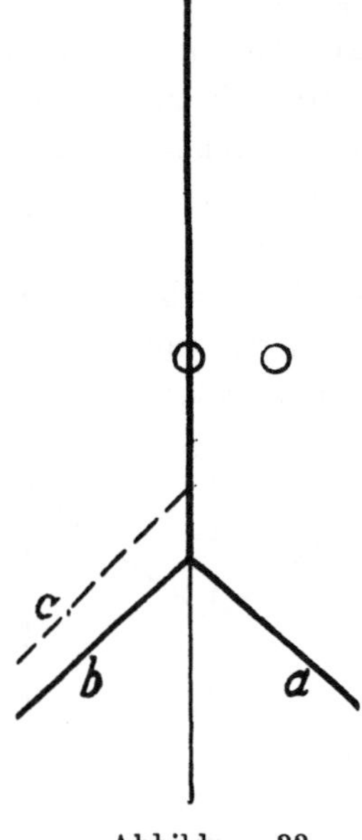

Abbildung 33.

Distalwärts charakterisiert sich die segmentale Mittellinie dadurch, dass aus ihr gabelförmig die distalen Grenzlinien des hyperalgetischen Feldes hervorgehen. Bei der Prüfung stellt sich dies Verhalten so dar, dass die Mittellinie, deren Hyperalgesie sich distalwärts vermindert, schliesslich eine Spaltung erkennen lässt, ein weiterer zur Auffindung derselben verwertbarer Umstand. Befindet sich die Klemme genau in der Mittellinie, so sind die aus letzterer hervorgehenden divergierenden Grenzen von ungefähr gleicher Schmerzhaftigkeit und symmetrisch gelagert. Weicht dagegen der Klemmensitz von der Mittellinie ab, so ist dies nicht der Fall, die der Klemme zugewendete Grenzlinie ist dann empfindlicher und die von ihr abgewendete kann tiefer aus der Mittellinie entspringen. Abb. 33 bringt dies Verhalten zur Darstellung. Der Mittellinienklemme entspricht die Linienführung a b; der neben der Mittellinie angesetzten Klemme die Linie a und die Linie c, deren schwächere Empfindlichkeit durch die Brechung ausgedrückt werden soll.

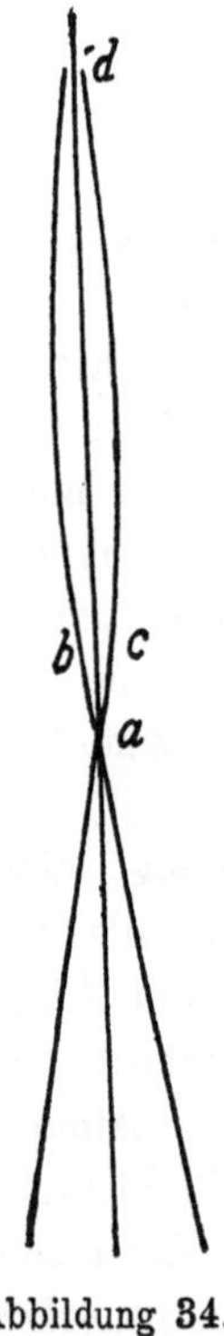

Abbildung 34.

2. Segmentale Grenzlinie. Das Grenzlinienfeld spitzt sich distalwärts gegen die Grenzlinie zu (Abb. 34); die Hyperalgesie ist an dieser spitzen Verjüngung besonders stark, so dass die Richtung, welche die Grenzlinie nimmt, deutlich markiert hervortritt. Im weiteren distalen Verlauf spaltet sich das hyperalgetische Feld, wie oben ausgeführt wurde, in zwei symmetrisch gelegene, flach bogenförmige Streifen oder Strahlen auf, zwischen welchen die Grenzlinie verläuft. In grösserer oder geringerer Entfernung nähern sich dann diese geschwungenen Linien wieder der Grenzlinie so, dass dieselbe eine gewisse Strecke weit als dickerer Streifen von erhöhter Empfindlichkeit hervortritt (d). Die Ausdehnung, in welcher derselbe distalwärts zu verfolgen ist, hängt von der Intensität der Klemmwirkung ab.

Proximalwärts spaltet sich das Grenzlinienfeld und für diese Spaltung gilt dasselbe, was über die distale Spaltung des Mittellinienbezirks oben gesagt wurde, d. h. bei genau die Grenzlinie treffendem Sitz der Klemme sind die beiden divergierenden Anteile des Feldes symmetrisch entwickelt, anderenfalls unsymmetrisch. Dabei tritt der Einfluss, welchen die Abweichung der Klemme von der Grenzlinie ausübt, viel stärker hervor als bei dem Mittellinienbezirk, was sich dadurch erklärt, dass in der Grenzlinie zwei verschiedene Spinalzonen aneinander grenzen (vgl. was oben über die Zwischenklemmen ausgeführt wurde), während zu beiden Seiten der Mittellinie die symmetrischen Hälften des gleichen Spinalgebietes liegen. Um ein störendes Ausstrahlen in das anstossende Spinalgebiet zu vermeiden, darf man sich nicht zu starker Klemmen bedienen.

Die neben der Grenzlinie gelegene Klemme erzeugt jenseits der Grenzlinie einen schwächeren und schmalen Spaltungsstreifen. Derselbe tritt immer mehr zurück, wenn sich die Klemme weiter von der Grenzlinie entfernt und verschwindet bei einem gewissen Abstande derselben ganz, kann dann aber sofort wieder dadurch hervorgerufen werden, dass man die Klemme stärker macht. Die ungefähre Lage der segmentalen Grenzlinien findet man unter Berücksichtigung der arkadenförmigen Begrenzungen der Teilstücke (s. oben).

Man kann die segmentale Grenzlinie auch dadurch ermitteln, dass beim Ueberschreiten derselben mittels der Klemme das hyperalgetische Feld in seiner überwiegenden Ausprägung umschlägt, was Abb. 35 schematisch zum Ausdruck bringt. Während die Klemme a diesseits der Grenzlinie das ausgeprägte typische Feld auslöst und jenseits nur eine schwächere Hyperalgesie hervorbringt (vgl. oben über die Zwischenklemmen), kehrt sich das Verhältnis, wenn die Klemme über die Grenzlinie hinweg nach b wandert, in das entgegengesetzte um.

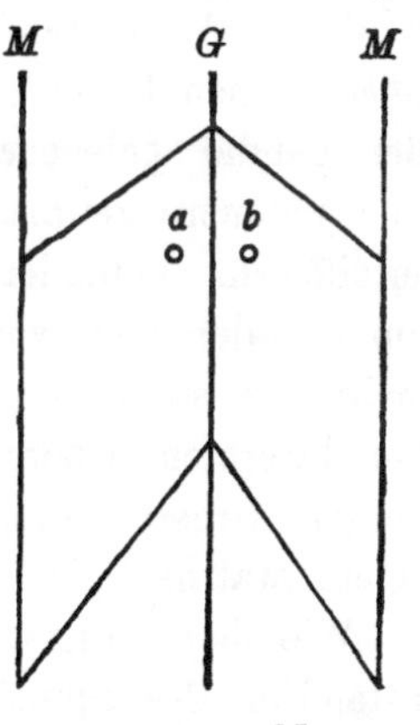

Abbildung 35.

Durch die beschriebenen Methoden kann man die segmentalen Grenz- und Mittellinien sicher feststellen. Indem ich dieselben an den verschiedensten Körpergegenden zur Anwendung brachte, konnte ich nachweisen, dass die beschriebenen Strukturverhältnisse nicht bloss für den Arm gültig sind, sondern für alle spinalen Sensibilitätsbezirke. Ich war vom Arm ausgegangen, weil dort die Lage der Axiallinien bereits einigermassen bekannt ist (s. oben). Auch eignet sich der Arm sonst sehr gut zum genaueren Studium von Sensibilitätsverhältnissen. Auf Grund der gewonnenen Erkenntnis vermochte ich die Axiallinien am Arm genau zu präzisieren und auf die Haut aufzuzeichnen, desgleichen die segmentalen Mittellinien zu konstruieren, und so gelangte ich, in fortwährend zunehmender Verschärfung der Ergebnisse und wachsender Möglichkeit der Kontrolle, dazu, die Richtlinien immer sicherer zu finden und festzulegen. Die in meinen obigen Ausführungen dargelegte Struktur gilt somit für alle spinalen sensiblen Zonen.

Einer interessanten Beobachtung möchte ich noch Erwähnung tun. Wenn nach dem Setzen einer Klemme die Hyperalgesie bis zur segmentalen Grenzlinie vorgedrungen ist, so tritt zunächst ein kurzer Stillstand ein; sodann aber, vorausgesetzt dass die Klemme nach ihrem Sitz und ihrer Stärke hierzu geeignet ist, beginnt die Irradiation in das anstossende Spinalgebiet und schreitet nun wieder schneller fort, ohne dasselbe jedoch ganz zu erfüllen. Auch kommt es vor, dass die Einstrahlung in das anstossende Spinalgebiet ganz flüchtig erfolgt, derart, dass die Teilhyperalgesie desselben sich schnell wieder zurückbildet und die Grenzen des erstbetroffenen Spinalgebietes wieder erreicht werden. Selbstverständlich betrifft die Hyperalgesie des primär gereizten Spinalbezirkes auch das Ueberlagerungsgebiet, d. h. sie überschreitet die segmentale Grenzlinie bis zu einer bogenförmig in das Nachbargebiet hineinragenden Begrenzung.

Es scheint hiernach, dass die Grenze des neuen Spinalsegmentes der Irradiation einen gewissen Widerstand entgegensetzt, welcher grösser ist als der Widerstand innerhalb des Spinalsegmentes selbst. Es scheint dabei keinen Unterschied zu machen, ob die Irradiation in ein kranial oder caudal gelegenes Segmenterfolgt. Wenigstens habe ich, freilich ohne genauere zeitmessende Untersuchungen vornehmen zu können, keine Zeitdifferenz gefunden, ob die Einstrahlung am Unterarm vom ulnaren zum radialen oder vom radialen zum ulnaren Bezirk erfolgt, und ebenso wenig, ob sie vom medialen Oberarmbezirk zum Brustbezirk D_{2+3} oder vom lateralen Oberarmbezirk zum Brustbezirk C_4 bzw. von den genannten Brustbezirken auf die entsprechenden benachbarten Oberarmgebiete statthat.

Wie oben bemerkt, bildet das Ueberlagerungsgebiet einen integrierenden Bestandteil des Spinalbezirks, welcher hiernach in Wirklichkeit von der äussersten Grenze des kranialwärts gelegenen Ueberlagerungsgebiets bis zur äussersten Grenze des caudalwärts gelegenen Ueberlagerungsgebiets reicht. Die von mir als intersegmentale Grenzlinien bezeichneten Linien sind so zu sagen virtuelle Grenzen, Nahtstellen der Segmentbezirke. Die Struktur der letzteren erweist die Berechtigung, den Begriff der intersegmentalen Grenzlinien festzuhalten, zumal letztere streckenweise in ganz scharfe Abschnitte der Axiallinien übergehen.

III. Struktur der spinalen Zentren.

So befriedigend es zunächst erscheint, eine einheitliche Struktur der spinalen Sensibilitätszone festgestellt zu haben, so entsteht doch alsbald das Bedenken, wie es möglich ist, dass die in ihrer Orientierung so ganz verschiedenen Bezirke, wie die Rumpfbezirke einerseits, die Armbezirke andererseits, einen ganz gleichartigen Aufbau zeigen. Bei den annähernd parallel zueinander geschichteten Rumpfbezirken laufen die kraniale und caudale segmentale Grenzlinie einander parallel und sind von gleicher Länge. Die Grenzlinie jeder Zone legt sich an diejenige der Nachbarzone passend an. Bei den Armbezirken dagegen haben wir einerseits eine lange segmentale Grenzlinie, welche die Volar- und Dorsalfläche durchzieht, andererseits eine kurze Grenzlinie, welche den langgestreckten Bezirk gleichsam nur proximal abschliesst.

Die schematische Darstellung in Abb. 36 und 37 lässt den Unterschied erkennen. Abb. 36 zeigt eine spinale Brustzone. Die kraniale segmentale Grenzlinie (k) liegt der caudalen (c) gegenüber; erstere wird durch die Zeichen p k d bestimmt, wobei p proximal und d distal bedeutet, letztere durch p c d. Die Mittellinie p d ist der Träger des gefiederten Baues. Abb. 37 stellt einen Unterarmbezirk dar. Die caudale Grenzlinie durchsetzt die Volarfläche im Bereiche eines spinalen Hautbezirkes, biegt dann auf die Dorsalfläche um, läuft durch diese zurück. Der Bezirk ist vom Rande des Arms her gesehen und umfasst denselben wie eine Hohlschiene von der einen bis zur anderen Axiallinie. Die kraniale Grenzlinie ist kurz (k p k). Die segmentale Mittellinie p d bildet

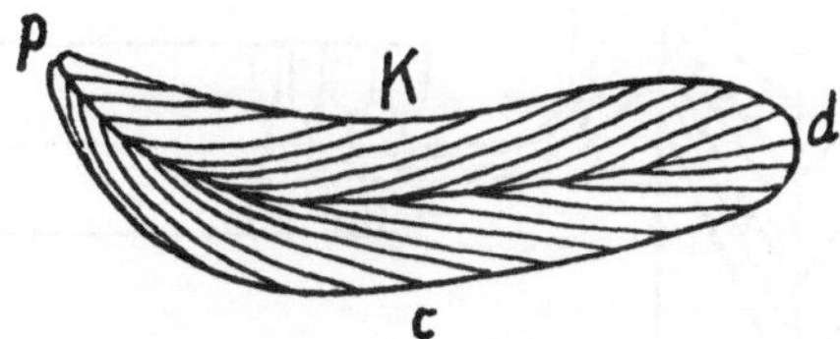

Abbildung 36. Schema einer spinalen Thorakalzone. Näheres s. Text.

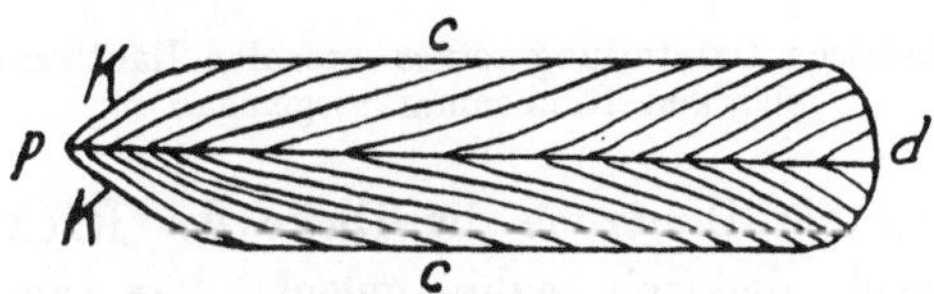

Abbildung 37. Schema eines spinalen Armbezirks.
p = proximal. *d* = distal. *k* = kranial. *c* = caudal. Die Ueberlagerung ist nicht mitgezeichnet.

auch hier die Basis des gefiederten Baues, die Zone zeigt genau dieselbe Struktur wie die vorige, trotzdem die segmentalen Grenzlinien ganz anders orientiert sind. Beim Rumpfbezirk gehen die Richtlinien von beiden Grenzlinien her gegen die Mittellinie, bei dem Armbezirk nur von einer Grenzlinie.

Man könnte sich mit dieser Ungleichheit nun leichter Hand abfinden und sie so deuten, dass für die Innervation die Aehnlichkeit der Form beider Bezirke massgebend sei, allein die Schwierigkeit wird gross, wenn wir uns eine Vorstellung darüber zu bilden versuchen, wie die Anordnung in den sensiblen spinalen Kerngebieten sich zu der Struktur der Hautinnervation verhalten vermag.

Das zu einer spinalen sensiblen Hautzone gehörige spinale Kerngebiet muss wie jene eine symmetrische Anordnung haben. Wenn wir von der Rumpfzone ausgehen, welche die einfachste Form aufweist, so muss der kranialen segmentären Grenzlinie derselben die kraniale Grenze des Rückenmarksegments, der caudalen Grenzlinie die caudale Grenze desselben entsprechen. Der Breite (Höhe) der Hautzone würde die Höhe des Rückenmarksegments, ihrer Länge die Dicke desselben entsprechen. Die distal-proximale Mittellinie würde das Rückenmarksegment in seiner Dicke durchsetzen, wahrscheinlich von hinten nach vorn, so dass der distale Anteil nach dem dorsalen, der proximale Anteil nach dem ventralen Ende des Rückenmarksegments hin gelegen sein würde.

Die Ganglienzellen müssten sich so gruppieren, dass sie symmetrisch zu dieser Mittellinie gelagert sind und in ihrer Gruppierung der gefiederten Struktur des Hautbezirks entsprechen, d. h. grob schematisch ausgedrückt, zu je einem Sektor Haut würde je ein Paar Ganglienzellengruppen gehören (Abb. 38).

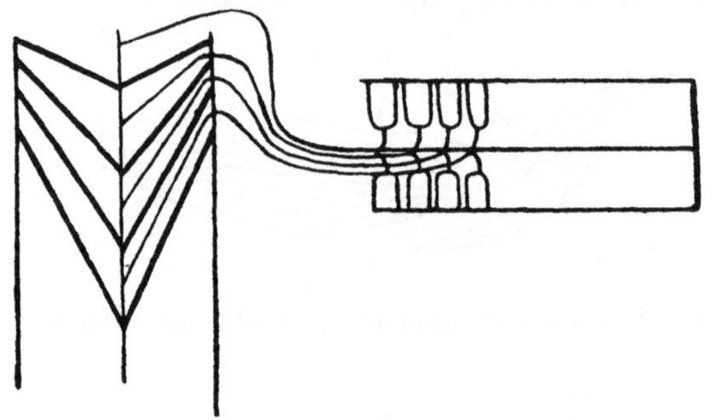

Abbildung 38. Schematische Darstellung eines spinalen Hautbezirks und des dazu gehörigen Rückenmarkssegments.

Dass der Länge der Hautzone die Dicke des Rückenmarksegments entspricht, wird auch dadurch nahe gelegt, dass an der Hals- und Lendenanschwellung das Rückenmarksgrau in der Dicke zunimmt. Für die motorischen Kerngebiete gilt wahrscheinlich dieselbe Beziehung wie für die sensiblen.

Bei den Armbezirken stossen wir jedoch, wenn wir eine solche zentrale Architektonik annehmen, auf Schwierigkeiten. Hier können die Gangliengruppenpaare das Rückenmarksegment nicht in seiner Höhe von der kranialen zur caudalen Grenzlinie durchsetzen, wie aus der obigen Ausführung hervorgeht. Vielleicht findet hier eine Axendrehung statt, so dass sie nicht kranial-caudal, sondern lateral-medial orientiert sind und daher nicht in ihrer ganzen Ausdehnung, sondern nur mit einem kleinen Anteil die Grenzfläche des Rückenmarksegments erreichen.

Dies ist natürlich alles hypothetisch; aber man kann jedenfalls aus dem scheinbaren Widerspruch in der Struktur der Rumpfzone einerseits, der Extremitätenzone andererseits nicht den Schluss ziehen, dass wir bezüglich des Korrelats in der Struktur des Rückenmarkkerngebietes auf unüberwindliche Schwierigkeiten stossen. Vielmehr hat offenbar die spinale Innervation sich den veränderten Bedürfnissen der Versorgung der Extremitätenbezirke angepasst, ohne ihren Typus zu verändern; die Form des Hautbezirks ist in ihren wesentlichen Zügen geblieben, die Innervationsstruktur ist geblieben, nur die segmentale Grenzlinie hat eine Neuorientierung erlitten.

IV. Die spinalen Sensibilitätsbezirke der Hand und des Fusses.

Es ist von Interesse zu untersuchen, wie sich die Struktur der spinalen Innervation an die Hand- und Fingerbildung, Fuss- und Zehenbildung anpasst.

An der Hand verlaufen sowohl die volare, wie die dorsale Axiallinie gegen den Mittelfinger, die Mittelhand in zwei gleiche Hälften teilend, und weiter in der Mittellinie des Mittelfingers bis an dessen Spitze, wo sie ineinander übergehen. Es muss vorausgesetzt werden, dass die ulnare und radiale segmentale Mittellinie von den entsprechenden Rändern des Unterarms auf die Mittelhand übergehen und entlang den bezüglichen Randteilen der Finger zur Spitze des Mittelfingers verlaufen. Um die Innervationsstruktur dieser Teile festzustellen, wurde die Klemme, von der Spitze des Mittelfingers ausgehend, in der Richtung der segmentalen Mittellinie an den Rändern des Mittelfingers und der anderen Finger fortschreitend angesetzt. Es ergeben sich dabei die auf den Abb. 39—42 verzeichneten hyperalgetischen Felder, welche durch ihre Umgrenzungen unsere Aufmerksamkeit fesseln.

Zunächst ergibt sich aus der Linienführung, dass auch hier die Grenzen der Felder von der Axiallinie nach der Mittellinie hin ziehen, in welche sie spitzwinklig einmünden. Das Prinzip der Struktur ist somit das gleiche, wie es in allen Spinalbezirken zu finden ist. Ferner ist auch hier eine Irradiation in den Nachbarbezirk zu konstatieren, so dass im Bereich desselben symmetrisch gelegene hyperalgetische Felder auftreten, was bei der Nähe der Axiallinie nicht auffallen kann; sie sind, um das Bild nicht zu verwirren, nur am Mittelfinger mitgezeichnet worden. Auch die bogenförmige Ueberlagerung der Axiallinie findet sich.

Was nun aber überraschend wirkt, sind die Unterbrechungen, welche die hyperalgetischen Felder erkennen lassen. Dieselben ziehen sich nicht, wie man es erwarten sollte, kontinuierlich an den Fingerrändern hin, sondern treten diskontinuierlich, stückweise an den einzelnen Fingern auf.

Betrachten wir die ulnare Hälfte der Hand. Die an dem Ulnarrand des Mittelfingers, nahe dessen Spitze, seitlich vom Fingernagel angesetzte Klemme[1]) erzeugt zunächst ein kleines hyperalgetisches Feld, dessen Grenze schräg von der Axiallinie nach dem Fingerrand hinauf-

1) Die Befestigung an den Fingerrändern ist stellenweise sehr schwierig, da die derbe Haut die Klemmen abgleiten lässt, gelingt schliesslich aber an den meisten Stellen.

zieht, sowohl an der Volar- wie an der Dorsalfläche (——). An der ulnaren Seitenfläche des Mittelfingers stossen beide Linien unter spitzem Winkel zusammen. Die Grenze des Feldes überschreitet ein wenig die Axiallinie; an der radialen Hälfte des Mittelfingers hat sich ein symmetrisch gelegenes, aber kleineres Feld gebildet — ich werde bei der weiteren Besprechung von diesen durch Irradiation in den Nachbarbezirk entstehenden Feldern absehen. Im übrigen ist die Sensibilität des Mittelfingers unverändert. Aber am 4. Finger zeigt sich ein ganz homolog

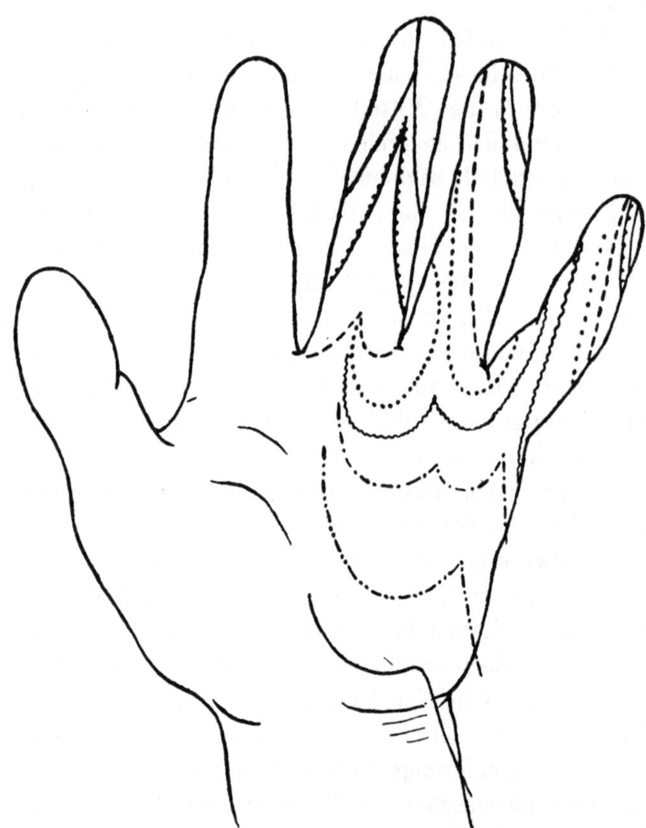

Abbildung 39. Fingerbezirke. Erklärung s. im Text.

gelagertes Feld, welches von demjenigen am Mittelfinger nur durch seine geringere Ausdehnung unterschieden ist, und ein gleichfalls homologes, noch kleineres am kleinen Finger. Macht man die Klemme stärker oder verschiebt man sie ein wenig in proximaler Richtung, so wird das Mittelfingerfeld wie die gleichgerichteten Felder der beiden anderen Finger grösser (........). Die 3. Klemme zeigt ein Mittelfingerfeld, welches nahezu die ulnare Hälfte des Fingers umfasst, am 4. Finger schräg gegen die Zwischenfingerfalte anstösst, am kleinen Finger dicht hinter dem 1. Interphalangealgelenk endigt (– – –).

Bei der weiteren Ausdehnung des hyperalgetischen Feldes wird die Zwischenfingerfalte zwischen Mittel- und 4. Finger einbezogen und die Grenze klettert in interessanter Weise nun bereits an der radialen Seitenfläche des 4. Fingers empor. Auch das Feld des 4. Fingers hat sich jetzt soweit vorgeschoben, dass es über die Fingerspitze hinweg auf die radiale Seitenfläche getreten ist, die Falte zwischen 4. und 5. Finger erfasst hat und an der radialen Seitenfläche des letzteren endigt (......).

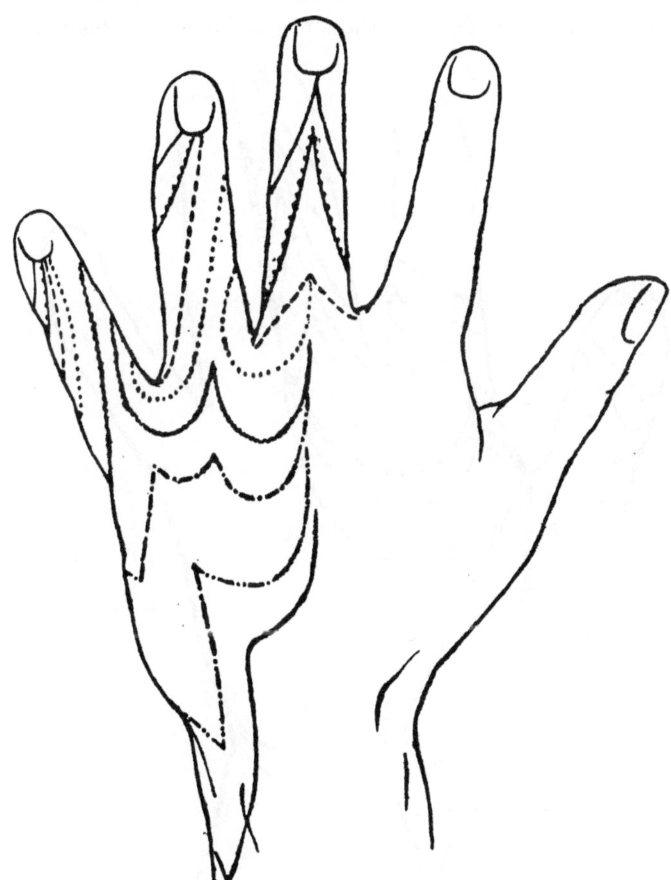

Abbildung. 40. Fingerbezirke. Erklärung s. im Text.

Der Kleinfingerbezirk hat sich bis zur Grundphalanx ausgedehnt. Noch immer sind die zwischen diesen Stücken gelegenen Teile des 4. und kleinen Fingers vollkommen frei von Hyperalgesie. Am 4. Finger stellt sich dies freie Gebiet als eine schmale Brücke dar.

Bei der nun folgenden Erweiterung des hyperalgetischen Gebietes verschwindet diese Brücke, Mittel- und 4. Finger werden jetzt umfasst, die proximale Grenze tritt auf die Mittelhand über, bildet aber auch hier noch einen spitzen Fortsatz in der Richtung des 4. Fingers, zu welchem sie bogenförmig hinuntersteigt, und verläuft schliesslich nach der radialen Seitenfläche des kleinen Fingers; der diesem eigene Bezirk hat sich merklich vergrössert, hat über die Fingerspitze hinweg die radiale Seitenfläche und mit dem anderen Ende den ulnaren Stand der Mittelhand erreicht. Der kleine Finger bietet nunmehr ein ähnliches Bild wie vorher der 4.: nur eine schmale, schräg über den Finger ziehende Brücke ist noch frei (~~~). Weiterhin wird auch dieser freie Anteil von der Hyperalgesie aufgesaugt; das Feld umfasst jetzt alle 3 Finger und findet seine proximale Grenze auf der Mittelhand; der auf den 4. Finger weisende Dorn hat sich verkürzt, dafür ist ein nach dem 5. Finger gerichteter hinzugetreten. Die

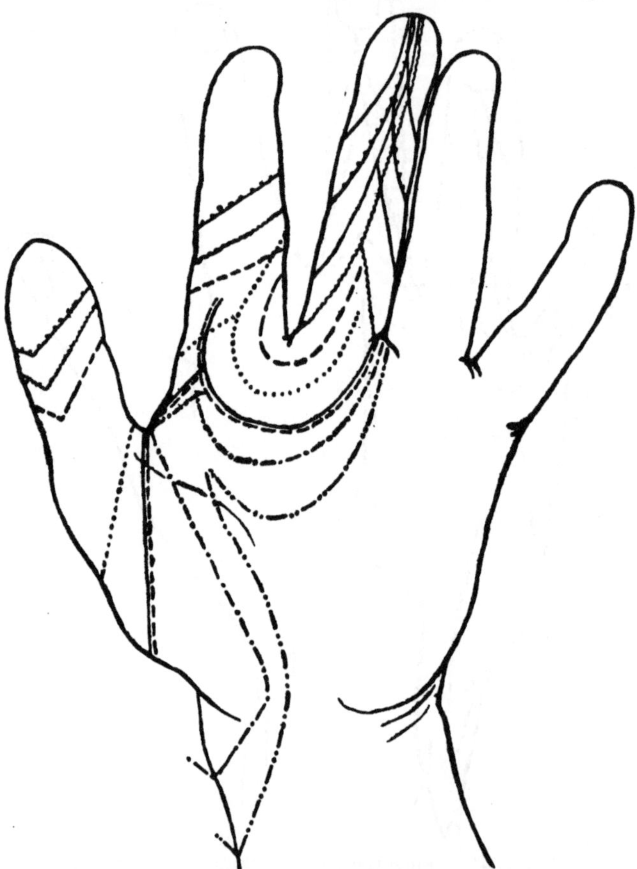

Abbildung 41. Fingerbezirke. Erklärung s. im Text.

segmentale Mittellinie, welche bis jetzt genau die Seitenflächen der Finger halbierte, tritt nunmehr etwas nach der Dorsalfläche der Mittelhand hin, wie der spitzwinklige Knick, welchen die Grenze des Feldes an der Dorsalfläche dicht neben dem Rande der Mittelhand erkennen lässt, beweist (— · — ·). Weiterhin verschwindet der eine der beiden spitzen Fortsätze, der Richtung nach der auf den 4. Finger bezügliche, die Grenze des Feldes steigt bis zum Handgelenk empor; die bekannte Struktur tritt immer deutlicher zutage, die Axiallinie, welche die Mittelhand halbiert, entsendet ihre Richtlinie proximalwärts schräg gegen die segmentale Mittellinie (– ·· – ··). Die letztgezeichnete Grenze lässt nur noch einen schwachen Buckel als Rest des Fingerfortsatzes erkennen. Diese Grenze entspricht dem Sitz der Klemme an dem Uebergang der ulnaren Seitenfläche des Mittelfingers auf die Zwischenfingerfalte (———).

An der radialen Hälfte der Hand zeigen die Begrenzungslinien der hyperalgetischen Felder einen ganz ähnlichen Verlauf und benötigen

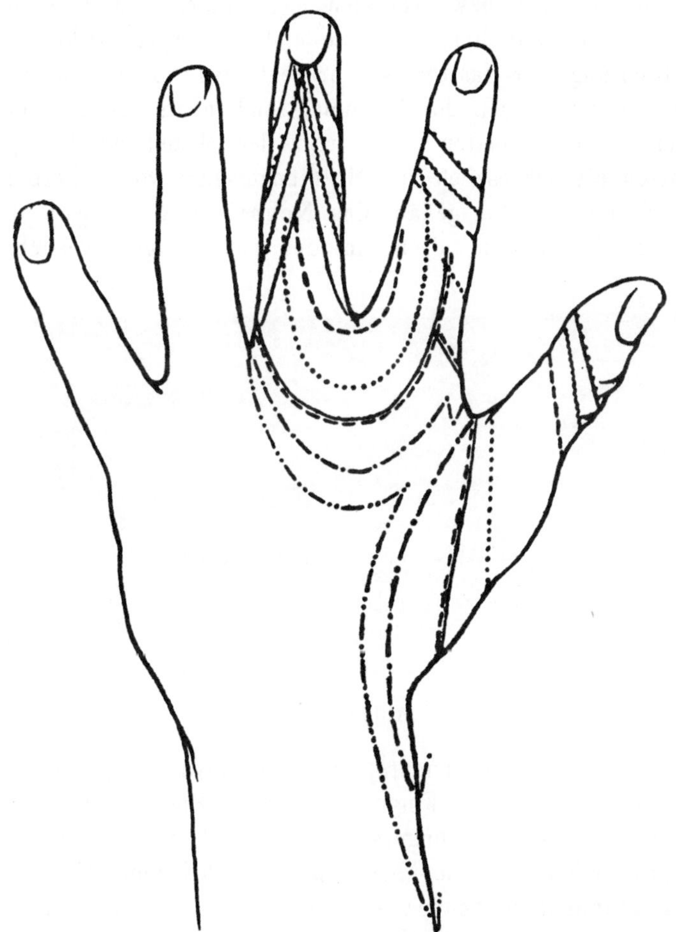

Abbildung 42. Fingerbezirke. Erklärung s. im Text.

daher keiner eingehenderen Beschreibung mehr. Jedoch ist die Richtung der über Zeigefinger und Daumen ziehenden Grenzen eine viel weniger steile als beim 4. und 5. Finger, so dass schon bei geringer Verbreitung der Hyperalgesie die beiden Seitenflächen dieser Finger betroffen werden. Der spitze Fortsatz, welchen die Mittelhandgrenze erkennen lässt, ist mehr gegen den Zeigefinger als gegen den Daumen gerichtet. Die Knicks der über den Daumen an seiner Volarfläche verlaufenden Grenzlinien entsprechen dem Verlauf der segmentalen Mittellinie.

Wie scharf die hyperalgetischen Fingerbezirke in der Seitenfläche der Finger, der segmentalen Mittellinie entsprechend, zusammentreffen, zeigt Abb. 43.

Die Finger-Handbezirke gewähren durch ihre erstaunlich präzise Linienführung einen schönen Einblick in den wundervollen Aufbau der spinalen Innervation.

Ich habe nicht verfehlt, Gegenproben anzustellen, indem ich Klemmen an der ulnaren bzw. radialen segmentalen Mittellinie des Handgelenks und der Mittelhand ansetzte und die Fingerbezirke so von der anderen Richtung her fasste; sie präsentierten sich nunmehr nicht als proximale Ausstrahlungen der Klemme, sondern als distale; die hyperalgetischen Felder schritten jetzt von der Mittelhand her gegen die Fingerspitzen bis schliesslich zur Mittelfingerspitze vor. Hierbei ergaben sich nun Felder, welche genau das Negativ der vorigen darstellen, bis sich im Endresultat, d. h. in der vollständigen Ausdehnung der

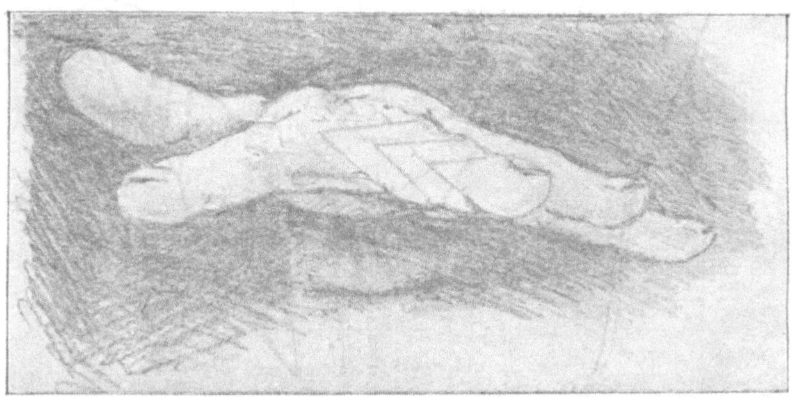

Abbildung 43.

Hyperalgesie bis zur Mittelfingerspitze Uebereinstimmung herstellte. Es bedarf allerdings, um die Finger in distaler Richtung bis zum letzten Ende, d. h. bis zur Mittelfingerspitze, hyperalgetisch zu machen, sehr schmerzhafter Klemmen, wie überhaupt auch bei dem erstbeschriebenen Verfahren proximal wirkender Klemmen ziemlich erhebliche Schmerzgrade angewendet werden müssen.

Abb. 44 zeigt ein Beispiel solcher Bezirke. Es ist von Interesse, wie auch hier an der Mittelhand die mit der Konkavität nach der Axiallinie hin gerichtete Grenze (beim Bezirk 1) auftritt, welche beim Ueberschreiten dieser Linie ihre Krümmung umkehrt, wie es oben von den Unterarmbezirken beschrieben wurde.

Die merkwürdige Anordnung der Innervationsbezirke an den Fingern könnte auf Verhältnissen der Entwicklung beruhen. Es ist aber auch daran zu denken, dass sie der Ausdruck einer bi- oder pluri-segmentalen Versorgung ist, wie sie Bolk u. A. annehmen. Diese wäre dann aber nicht als eine diffuse innige Vermischung der Segmentbezirke vorzustellen, sondern so, dass ein Segment die Finger vom Rande her diskontinuierlich bekleidet, das nächste sich teilweise über das vorige legend die Innervation nach der Hand zu fortsetzt, in der Art, wie sie die Abbildungen erkennen lassen.

Am Fuss verläuft die dorsale und plantare Axiallinie über die grosse Zehe hin; sie trennt die lumbalen von den sakralen Innervations-

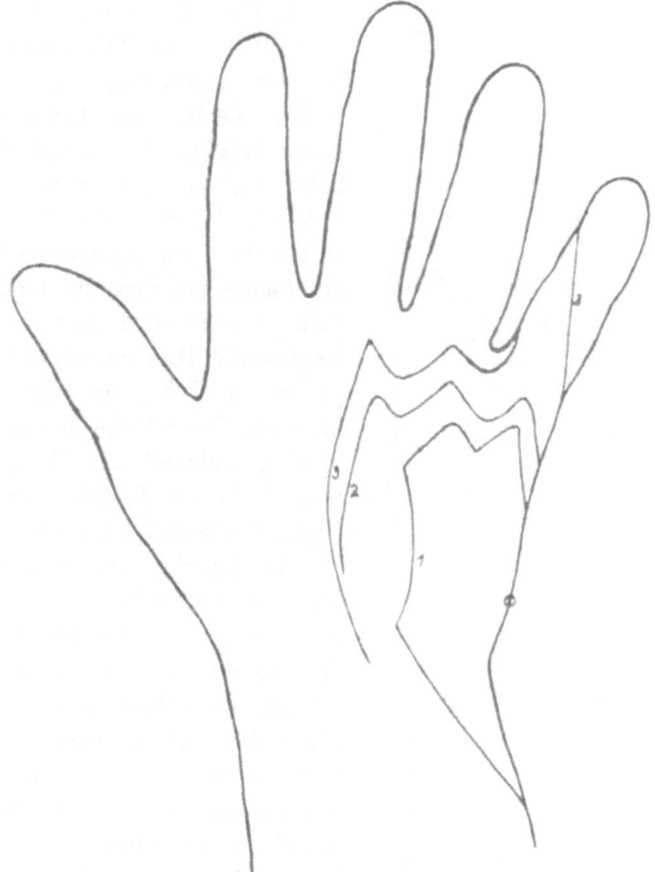

Abbildung 44. Distale Grenzen hyperalgetischer Felder, welche durch eine am Ulnarrande der Hand befestigte Klemme bedingt sind.

gebieten. Der sakrale Anteil des Fusses lässt einen Unterbezirk (S_1) erkennen, welcher dorsal- wie plantarwärts von den Axiallinien bis zu einer Linie reicht, die zwischen 4. und 5. Zehe ihr Ende findet. Die Verhältnisse liegen somit hier anders als an der Hand (vgl. Abb. 45).

Die segmentale Mittellinie geht in der Mitte des Fussrückens gegen die mittlere Zehe. Wie es scheint, teilt sie sich an deren Spitze und verläuft an den Zehenrändern tibial- und peronealwärts zu den segmentalen Grenzlinien. Diskontinuierliche Felder erhält man auch an den Zehen, aber nach einem scheinbar ganz abweichenden Typus. Erst nach vielfältigen Untersuchungen, welche hier besonders schwierig sind, weil man nur wenig Stellen an den Zehen findet, an denen man eine Klemme befestigen kann, konnte ich Klarheit in die Verhältnisse bringen.

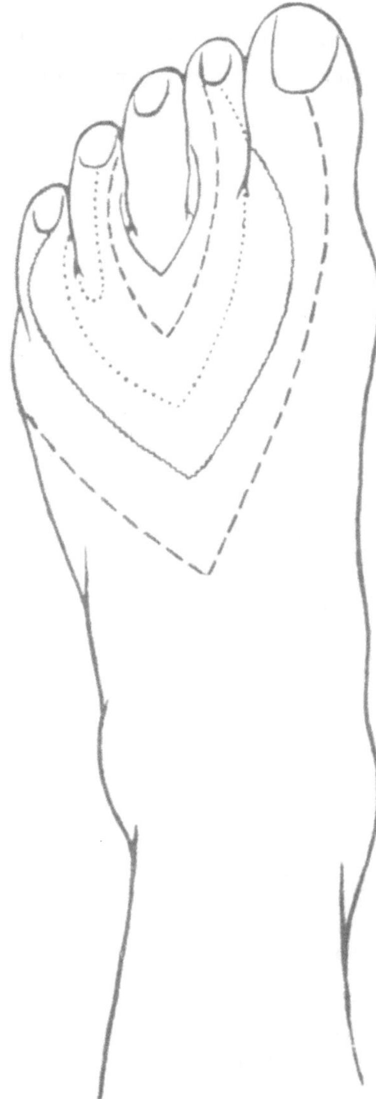

Abbildung 45. Zehenbezirke. Erklärung s. im Text.

Wie Abb. 45 zeigt, konvergieren die um die Mittelzehe als Mittelpunkt sich gruppierenden Linien gegen die Mittellinie des Fussrückens, welche, wie bemerkt, die segmentale Mittellinie darstellt. Von den Zehen werden daher bei der Ausbreitung des hyperalgetischen Feldes die basalen Anteile früher befallen als die Spitzen, umgekehrt wie bei den Fingern. Dieser Unterschied beruht eben darauf, dass an der Hand die segmentale Mittellinie am Rande, am Fuss in der Mitte verläuft. Eine deutliche und immer wieder festgestellte Diskontinuität findet sich an der 4. Zehe, wo die peroneale (laterale) Seitenfläche ausgespart erscheint, während die ihr zugekehrte Seitenfläche der 5. Zehe bereits in die Hyperalgesie einbezogen ist.

Die Bezirke gehören durchweg zu Klemmen, welche im Bereich der Mittelzehe bis zur Zwischenhaut zwischen ihr und der 2. bzw. 4. Zehe gesetzt wurden. Die Felder sind an der Planta gleichfalls ausgesprochen, aber an der Dorsalfläche deutlicher und präziser festzustellen, was durch den Unterschied in der Dicke der Epidermis bedingt ist.

Dass die Mittellinie des Fussrückens tatsächlich segmentale Mittellinie ist, wird auch dadurch bewiesen, dass Klemmen, welche in ihr nach dem Fussgelenk hin oder auf der Höhe des Fussrückens gesetzt werden, distal die charakteristische Gabelung erzeugen.

Die grosse Zehe nimmt eine Sonderstellung ein, da die über sie hin verlaufende Axiallinie eine besonders feste Grenze bildet. Klemmen am tibialen (medialen) Rande der grossen Zehe angebracht, bringen selbst bei grosser Schmerzhaftigkeit keine Hyperalgesie der 2. Zehe zustande. Das hyperalgetische Feld, welches von der Mittelzehe aus erzeugt wird, greift im äussersten Fall nur wenig über die Mittellinie der grossen Zehe hinaus, nie bis zum freien medialen Rande derselben. Auch Klemmen an der 2. Zehe bringen dies nicht zuwege.

Auch die kleine Zehe wird relativ wenig von der von der Mittelzehe ausgehenden Hyperalgesie beteiligt, wenn auch die Grenze, welche sie von der 4. Zehe trennt, nicht annähernd so resistent ist als die Axiallinie der grossen Zehe.

So finden wir auch an den Zehen das Strukturprinzip in voller Klarheit bestätigt.

Die vorstehend geschilderten Untersuchungsergebnisse sind auch für die Klinik von Interesse. Unsere Kenntnisse von den spinalen Sensibilitätsstörungen werden durch sie erweitert. An den Tatsachen des symmetrischen Baues, des einheitlichen Strukturprinzips, des Wesens der Ueberlagerungszonen kann die klinische Medizin nicht vorübergehen. Indem die Aufdeckung der Struktur zugleich die Mittel an die Hand gibt, die segmentalen Hautterritorien voneinander abzugrenzen, gewährt sie uns die Möglichkeit, die Lehre von den spinalen Hautzonen zu revidieren und zu vertiefen.

Der Nachweis, dass die Irradiation des Schmerzes bzw. der Hyperästhesie nach Massgabe der spinalen sensiblen Zentren geschieht und sich scharf an die Struktur derselben anschliesst, wirft Licht auf gewisse krankhafte reflektorische Reizungs- und Hemmungsvorgange im Gebiete der Motilität und Vasomotion. Die Lehre von den Reflexlähmungen, von der Akinesia amnestica, wird von diesen Tatsachen Kenntnis nehmen müssen. Auch bezüglich der Abgrenzung gewisser krankhafter Symptomkomplexe von der Hysterie wird sich die genauere Kenntnis der Struktur der spinalen Hautzonen nutzbar machen.

II.

Die Topographie der spinalen Sensibilitätsbezirke der Haut.

(Hierzu Tafeln I—IV und 3 Abbildungen im Text.)

I. Vorbemerkungen und Methode.

Die im folgenden gegebene Beschreibung und Abbildung der spinalen Sensibilitätsbezirke gründet sich auf eine für diesen Zweck bisher nicht angewendete Methode, welche darin besteht, dass durch künstlich gesetzte Schmerzreize hyperalgetische Felder der Haut erzeugt und auf Grund der gesetzmässigen Struktur derselben die spinalen Begrenzungen erschlossen werden.

Das Phänomen, welches als Grundlage dieser Methodik dient, habe ich zuerst in einer Arbeit „Ueber Schmerz und Schmerzbehandlung" (Zeitschrift f. physik. u. diätet. Therapie, 1915, Bd. 19) beschrieben und in weiteren Arbeiten näher studiert und verfolgt.

Ich bediene mich zur Hervorrufung des Schmerzreizes einer kleinen Gefässklemme, wie man sie im Laboratorium bei Tieroperationen verwendet[1]) und mittels welcher man eine Hautfalte fasst und klemmt. Der bei dem Liegen der Klemme entstehende örtliche Schmerz wächst zunächst, hält sich einige Zeit lang auf einer konstanten Höhe und nimmt dann wieder ab, um schliesslich ganz zu verschwinden. Während dieser Zeit bildet sich in der Umgebung eine Hyperästhesie und Hyperalgesie, sowohl für oberflächliche wie für tiefere mechanische Reize aus, welche bezüglich ihrer Intensität mit dem lokalen Schmerz gleichen Schritt hält und deren Ausbreitung gleichfalls zu demselben in Abhängigkeit steht. Das überempfindliche Feld ordnet sich nun nicht etwa konzentrisch um den Schmerzreiz an, sondern zeigt an den Extremitäten eine längsstreifige, am Rumpf eine gürtelförmige Begrenzung, wobei die proximale Ausdehnung vor der distalen überwiegt. Das Studium dieser hyperalgetischen Zonen hat nun gezeigt, dass dieselben nicht der peripherischen Innervation, sondern dem Typus der spinalen, segmentalen Innervation entsprechen. Die Beweise hierfür habe ich in der vor-

---

1) Abbildung siehe in: „Ueber Irradiation und Hyperästhesie im Bereich der Hautsensibilität". Arch. f. d. ges. Physiologie. 1916. Bd. 165.

stehenden Arbeit gegeben. Es handelt sich um einen Irradiationsvorgang im sensiblen Kerngebiet des Rückenmarks.

Es lag daher nahe, diese „Irradiationsmethode" zur Feststellung der spinalen Sensibilitätszonen zu verwenden. Wenn die Irradiation, durch welche das hyperalgetische Feld zustande kommt, von jedem beliebigen schmerzhaft gereizten Hautpunkte aus das zugehörige spinale Segment ganz erfüllte und sich zugleich auf dieses beschränkte, so wäre dieses Verfahren ebenso einfach wie vollkommen. Aber ein solcher Erfolg der Reizung ist nur unter besonderen Umständen, auf welche ich zurückkomme, zu verzeichnen. Zunächst stellen sich bei beliebig gewählter Oertlichkeit und Intensität des Schmerzreizes die überempfindlichen Bezirke als solche dar, welche den spinalen Typus zwar deutlich erkennen lassen, aber nur einen Teil der zugehörigen spinalen Zone betreffen. Dabei kann es trotzdem vorkommen, dass das hyperalgetische Feld über die Grenzen des zugehörigen segmentalen Bezirks in anderer Richtung, nämlich an den Extremitäten in querer Richtung, am Rumpf kranial- oder kaudalwärts hinausgreift oder wenigstens hinauszugreifen scheint. In Wirklichkeit handelt es sich in diesem letzteren Fall nur um die physiologische Ueberlagerung der segmentalen Zonen. Das hyperalgetische Feld, wie es durch die Klemme erzeugt wird, entspricht zunächst nur einem Ausschnitt aus dem zugehörigen Spinalbezirk. Da, wie bereits bemerkt, der Umfang des Feldes von der Intensität des Reizes abhängig ist, so erscheint dieser Ausschnitt je nach der Reizstärke als ein grösserer oder kleinerer Teilbezirk des segmentalen Territoriums. Man erkennt, wie während des Liegens der Klemme das hyperalgetische Feld sich allseitig ausdehnt und den Grenzen des spinalen Bezirkes zustrebt, um sich weiterhin wieder nach der Klemme hin zurückzuziehen. Es stellt dabei in jedem Moment ein für die Struktur des spinalen Bezirkes charakteristisches Flächenstück dar.

Der allgemeine Typus der Form der hyperalgetischen Felder ist ein längliches Gebilde, welches proximalwärts von einer geschlossenen und stark gekrümmten Bogenlinie, an einen abgerundeten Spitzbogen erinnernd, begrenzt wird, distalwärts unscharf und flach bogenförmig endigt. Verschiebt man den Ansatzpunkt der Klemme in zweckmässiger Weise, so ordnen sich die proximalwärts gerichteten Arkaden in einer regelmässigen Art an, welche erkennen lässt, dass es sich um Teilstücke eines zusammenhängenden Spinalgebiets handelt, dessen Verlauf sie folgen. Fig. 1 zeigt eine solche Anordnung an der Bauchhaut. Jeder Bogen entspricht der proximalen Begrenzung eines hyperalgetischen Klemmbezirks; die Klemme wurde je in der Axe des Bogens proximalwärts, von der Linea alba gegen die Seitenwand des Unterleibes, d. h. in der Richtung auf die Wirbelsäule verschoben. Man erkennt, dass die Bogenlinien Gruppen bilden, welche sich reihenweise übereinander anordnen.

Figur 1.

Hyperalgetische Felder an der vorderen Rumpffläche.

Die Figur bringt die hyperalgetischen Felder zur Anschauung, wie sie beim Sitz der Klemmen an verschiedenen Punkten des Bereichs zwischen Schamgegend und Epigastrium entstehen. Die Arkaden ordnen sich zu Reihen zusammen, welche jedes Mal entweder der Verschiebung der Klemme in der segmentalen Mittellinie oder dem Anwachsen der Hyperalgesie bei liegenbleibender Klemme entsprechen. Die Arkadenreihen unterliegen in ihrem Verlauf von vorn nach hinten dem charakteristischen Richtungswechsel. Sie entsprechen spinalen Zonen mit den dazu gehörigen Ueberlagerungsgebieten.

Jede Reihe strebt der Wirbelsäule zu und zeigt einen besonderen Typ des Verlaufs, in der Art, dass die unteren Gruppen steiler, die oberen weniger steil aufsteigen, dass ferner die Steilheit des Anstieges mit der Entfernung von der Linea alba zunimmt. Es leuchtet sofort ein, dass diese Bogensysteme einheitlichen Innervationsgebieten entsprechen, welche von der ventralen Mittellinie her aufsteigend sich der dorsalen Mittellinie zuwenden und gürtelförmig den Rumpf umkreisen. Da diese Innervationsgebiete nur spinale (siehe oben) sein können, so lassen uns die Bogensysteme den Verlauf der spinalen Unterleibszonen zwar in groben Umrissen, aber doch in schöner Deutlichkeit erkennen. Auch veranschaulichen sie, dass die einzelnen hyperalgetischen Felder in ihrer Form und Verbreitung tatsächlich von dem Verlauf der spinalen Zonen beherrscht und bestimmt werden.

Jedoch eine genauere Abgrenzung der spinalen Bezirke ist hiernach noch nicht möglich, zumal die einzelnen Bogengruppen durchweg ineinandergreifen und sich in weitem Umfange gegenseitig überlagern. Immerhin lassen sich bei diesem Verfahren an einigen Körpergegenden bereits festere Grenzlinien herausschälen, welche sich bei verschiedenstem Sitz der Klemme immer wieder finden und eine nur geringe Ueberlagerung erkennen lassen. So z. B. die ventrale und dorsale Mittellinie des Rumpfes und die sogenannten Axiallinien der Extremitäten wenigstens an grossen Strecken ihres Verlaufs.

Die Möglichkeit, die spinalen Hautgebiete mit wünschenswerter Präzision von einander abzugrenzen, wird durch das Studium der Struktur derselben erschlossen. Aus meinen bezüglichen Mitteilungen erwähne ich hier, dass das spinale Hautgebiet sich aus je zwei symmetrisch gelegenen Hälften zusammensetzt, welche durch eine „segmentale (intersegmentale) Mittellinie" von einander getrennt sind. Die beiden symmetrischen Teilbezirke stellen bezüglich des in ihnen herrschenden sensiblen Erregungszustandes „korrespondierende Felder" dar, so dass die Hyperalgesie des einen eine gleichzeitige Hyperalgesie des anderen nach sich zieht. Setzt man die Klemme in der segmentalen Mittellinie an, so erhält man hyperalgetische Felder, welche bei hinreichender Intensität des Reizes die spinale Hautzone in ihrer gesamten Breite durchsetzen und auch bezüglich der Längenausdehnung die relativ günstigsten Bedingungen schaffen. Die Mittellinienklemmen schneiden somit aus dem spinalen Bezirk Teilstücke heraus, welche in der Tat ein verkleinertes Abbild desselben darstellen. Ja, nicht selten gelingt es durch eine einzige Mittellinienklemme das ganze spinale Feld in Hyperalgesie zu versetzen; z. B. vom Handgelenk bis zum Schultergelenk, von der ventralen Rumpffläche bis zur Wirbellinie.

Die von der Mittellinie aus hervorgerufenen hyperalgetischen Teilstücke zeigen eine streifenartige, beiderseits von flachen Bogenlinien begrenzte Form; die Bogenlinien stossen, wie die genauere Untersuchung ergibt, proximalwärts konvergierend in der Mittellinie zusammen, so dass das Gebilde wie ein Keil unter Führung der Mittellinie gegen das proximale Ende des spinalen Hautbezirks vordringt. Distalwärts überschreiten die Bogenlinien, mehr oder weniger, die „segmentalen Grenzlinien", welche kranial- und kaudalwärts die spinale Zone abgrenzen. Sie dringen somit in das Gebiet ein, mit welchem die spinale Zone die beiden benachbarten, kranial- und kaudalwärts gelegenen überlagert. Weiterhin streben sie dem distalen Ende des Spinalgebiets zu; jedoch ist dieser Verlauf nicht bei jeder Klemme erkennbar, weil die Hyperalgesie sich in distaler Richtung weniger weit verbreitet als in proximaler. Bezüglich der näheren Einzelheiten der Struktur verweise ich auf meine vorstehende Arbeit und die dort gegebenen Abbildungen. Man ersieht aus denselben — und dies möge hier noch hervorgehoben werden —, dass der *Einfallswinkel* der Bogenlinien in die Mittellinie um so spitzer ist, je mehr das hyperalgetische Feld gegen das proximale Ende des spinalen Bezirkes vorschreitet. Infolgedessen zieht sich das hyperalgetische Feld um so mehr in die Länge aus, die Spitze proximalwärts gerichtet, je mehr die Klemme auf der Mittellinie in derselben Richtung vorrückt oder je mehr bei gleichbleibendem Sitz der Klemme die Intensität des örtlichen Schmerzes steigt (vgl. Fig. 8, 9, 13 usw. in meiner Struktur-Arbeit). Es wird hiernach klar, dass die Mittellinie die Rolle eines Wegweisers für die Auffindung des Verlaufes der segmentalen Zone spielt. Als allgemeine Methodik ergibt sich somit das Verfahren, die Klemme in der segmentalen Mittellinie und zwar zunächst im distalen Anteil der zu umgrenzenden spinalen Zone anzusetzen und auf der Mittellinie proximalwärts zu verschieben bzw. die Intensität des Klemmenschmerzes (durch das Anziehen der Schraube oder durch Fassen einer dünneren Hautfalte) zu steigern.

Für das Auffinden der Mittellinie gewährt die Kenntnis der Struktur der spinalen Zonen hinreichende Anhaltspunkte. Bei beliebigem Sitz der Klemme tritt die Führung der Bogenlinien hervor, nur dass die symmetrische Anordnung derselben, wie wir sie bei Mittellinienklemmen finden, fehlt. Die Konvergenzpunkte der Bogenlinien leiten somit auf die Lage der gesuchten Mittellinie hin. Durch einige tastende Versuche macht man die Strecke ausfindig, von welcher aus man eine symmetrische Bogenanordnung findet. Die Präzision der Bestimmung wird durch folgende Umstände erhöht:

1. Die Mittellinie setzt sich an dem proximalen Ende des hyperalgetischen Feldes dort, wo die konvergierenden Bogenlinien zusammentreffen, als eine proximalwärts gerichtete schmerzhafte Linie fort.

2. Am distalen Ende des hyperalgetischen Feldes spaltet sich die Mittellinie gabelförmig (Fig. 32 und 33 der Struktur-Arbeit).

Durch die Bestimmung der Mittellinienfelder ist jedoch die Aufgabe, die spinalen Zonen zu umgrenzen, noch nicht vollkommen zu lösen, da die Bogenlinien über die betreffende Spinalzone hinausgreifen und das Ueberlagerungsgebiet mit umfassen. Es handelt sich vielmehr darum, die intersegmentalen Grenzlinien selbst festzustellen. Auch dies kann auf Grund der Struktur mit grosser Präzision ausgeführt werden. Die Richtung, welche die Grenzlinie nimmt, wird durch die distale Zuspitzung des hyperalgetischen Feldes, sobald dieses den Charakter der „Grenzlinienfelder“ hat, erkannt. Wie man dazu gelangt, Grenzlinienfelder zu erzeugen, ist in meiner Strukturarbeit näher ausgeführt worden.

Die Ermittlung der spinalen Sensibilitätsbezirke geschah gemäss den vorstehend geschilderten Beziehungen des Aufbaues derselben. Zunächst wurde durch beliebig gesetzte Klemmen, distalwärts beginnend, die ungefähre Verbreitung der spinalen Zone festgestellt; sodann die segmentale Mittellinie aufgesucht und durch Mittellinienklemmen ein genaueres Bild der Zone entworfen; schliesslich durch Bestimmung der intersegmentalen Grenzlinien die präzise Begrenzung der Zone ausgeführt.

Die in gleicher Weise Zone für Zone ausgeführte Untersuchung gab zu mannigfachen Kontrollierungen der bereits festgelegten Grenzen hinreichende Veranlassung. Auch wurden die Ergebnisse durch rückwärtige, in distaler Richtung ausgeführte Verschiebungen der Klemme überprüft. Endlich wurden die Begrenzungen zu einer späteren Zeit noch einmal durch neue Prüfungen kontrolliert. Auch boten meine Strukturstudien Gelegenheit, die Grenzlinien zahlreicher Bezirke vielfältig erneuten Untersuchungen zu unterwerfen. Ich glaube daher sagen zu können, dass es an Sorgfalt bei den vorliegenden Ermittelungen nicht gefehlt hat.

Man könnte nun fragen, mit welchem Recht ich die „intersegmentale Grenzlinie“ als die wirkliche Abgrenzung des spinalen Hautbezirkes ansehe, da jene doch durch die erwähnten bogenförmigen Bildungen überlagert wird, welche dem Hautbezirk angehören. Offenbar reicht der letztere in Wirklichkeit bis zu dem äussersten Rande des von ihm umfassten Ueberlagerungsanteiles. Die spinalen Hautzonen besitzen somit überhaupt keine gemeinschaftlichen Grenzlinien, vielmehr schieben sich die Grenzlinien einer Hautzone zwischen diejenigen der beiderseits anstossenden Nachbarbezirke ein. So zeichnet es auch Sherrington.

Eine solche Darstellung hat aber mehrere Bedenken. Zunächst ist sie sehr unübersichtlich, was man freilich in Kauf nehmen müsste, wenn sie die allein richtige wäre. Es kommt aber weiter in Betracht, dass es nicht immer möglich ist, die Ueberlagerungsanteile genau zu umgrenzen. Es hängt von der Intensität der Hyperalgesie ab, in welchem Umfange sie gefasst werden. Auch beschränkt sich die Hyperalgesie eben in Folge der mehrfachen Innervation der Haut nicht auf ein spinales Gebiet, sondern erstreckt sich auch auf das anstossende mit.

Freilich ist dies Vorkommnis meist zu vermeiden, wenn man sich streng an die segmentale Mittellinie hält, von welcher aus man die betreffende Spinalzone in optimaler Weise herausschält.

Die „intersegmentalen Grenzen" sind nicht die reellen Grenzen, sondern virtuelle; sie halbieren das gegenseitige Ueberlagerungsgebiet zweier benachbarter Hautbezirke. Wenn man die Strukturbilder in meiner zitierten Arbeit betrachtet, so sieht man die Bogenlinien, mit welchen sich die anstossenden Hautbezirke gegenseitig durchdringen, von der intersegmentalen Grenzlinie so durchschnitten, dass sie zu beiden Seiten derselben symmetrische Sektoren bilden. Die intersegmentale Grenzlinie erscheint hiernach als eine Nahtlinie der spinalen Hautsegmente. Hierzu kommt, dass diese Grenzlinie korrekt bestimmt werden kann und dass sie an vielen Stellen die Fortsetzung einer wirklichen Grenzlinie der spinalen Territorien bildet, nämlich in der Flucht der sogenannten Axiallinien, welche streckenweise als ganz scharfe Linien erscheinen, streckenweise aber ausgiebigen Ueberlagerungen anheimfallen. Endlich ist die Hyperalgesie in dem die intersegmentale Grenzlinie überlagernden Anteil der Hautzone stets schwächer als diesseits derselben.

So erscheint es hinreichend begründet, die spinalen Hautbezirke mittels der virtuellen intersegmentalen Grenzlinien abzugrenzen. Man muss nur stets dessen eingedenk sein, dass über dieselben hinweg gegenseitige Ueberlagerungen stattfinden.

Die Feststellungen geschahen bei einer Versuchsperson, welche sich als besonders fähig für Sensibilitätsprüfungen erwiesen hatte, nämlich dem freiwilligen Krankenpfleger Cand. phil. Johannes König sowie bei mir selbst. Bei einem Teil der Versuche hatte ich mich der Mitarbeit von Herrn Prof. Dr. Döllken (Leipzig) zu erfreuen. In ausgedehnter Weise beteiligte sich an denselben Herr Oberarzt Ledig.

Die Technik der Untersuchung gestaltete sich folgendermassen. Nachdem die Klemme angesetzt war, wurde zunächst die Entwicklung und Ausbreitung des hyperalgetischen Feldes abgewartet, was $^1/_2$ bis 1 Minute und mehr in Anspruch nimmt. Die Prüfung auf Hyperalgesie erfolgte durch mässig starkes Eindrücken mit dem glatten rundlichen Kopf eines Zündhölzchens. Die Begrenzung des hyperalgetischen Feldes wurde in doppelter Weise ausgeführt, teils so, dass das Hölzchen aus dem Bereich der Hyperalgesie gegen die Umgebung, teils so, dass dasselbe aus der Umgebung gegen das hyperalgetische Feld geführt wurde.

Man kann die Prüfung so ausführen, dass man, nachdem man einen Punkt der Grenzlinie festgelegt hat, von diesem aus kontinuierlich fortschreitend die gesamte Begrenzung abwandelt, oder so, dass man diskontinuierlich den verschiedensten Strecken der Grenzlinie in buntem Wechsel sich zuwendet. Das letztere Verfahren verdient den Vorzug, weil es einerseits einer etwaigen Autosuggestion der Versuchsperson entgegenarbeitet, andererseits vermeidet, dass durch die häufig hinter einander ausgeführte mechanische Reizung der gleichen oder dicht benachbarten Hautstellen Erregbarkeitsveränderungen hervorgerufen werden. Es kann nämlich unter solchen Umständen eine Bahnung der Hyperalgesie vorkommen (siehe meine Strukturarbeit).

Der Grenze der ausgesprochenen Hyperalgesie ist häufig ein Streifen vorgelagert, auf welchem die Berührungen verschärft, aber noch nicht eigentlich schmerzhaft empfunden werden (Hyperästhesie). Diese Veränderung der Sensibilität bedingt es, dass die Versuchsperson bei dem Heranführen des Tastreizes gegen das hyperalgetische Feld auf die Nähe der Grenze desselben aufmerksam gemacht wird, was der Präzision der Untersuchungsergebnisse zu gute kommt. Die Uebung der Versuchsperson ist ein weiteres wichtiges Moment. Wir gelangten bei König schliesslich zu ausserordentlich präzisen Angaben, so dass die Begrenzungen der Felder nahezu haarscharf und mit erstaunlicher Uebereinstimmung angegeben wurden. Mir selbst darf ich gleichfalls eine reichliche Uebung in derartigen Sensibilitätsuntersuchungen zuschreiben.

Dass die Versuchsperson die Augen geschlossen hielt und dass auch sonst alles geschah, was eine Selbsttäuschung und Autosuggestion ausschloss, sei nur kurz erwähnt.

Die proximalen und seitlichen Begrenzungen der hyperalgetischen Felder fallen im allgemeinen schärfer aus als die distalen, welchen letzteren ja auch ein geringerer Wert für unseren Zweck zukommt.

Die erhaltenen hyperalgetischen Gebiete wurden mit den dazu gehörigen Befestigungsstellen der Klemmen mittels verschiedenfarbiger Pastellstifte bzw. wenn das Bedürfnis länger dauernder Fixierung vorlag, mittels Kopierstift auf die Haut aufgezeichnet und durchgepaust. Die Pausblätter wurden in folgender Weise vorbereitet: Der zu untersuchende Körperteil wurde in eine bestimmte leicht wieder zu findende Haltung verbracht. So wurde für die Beine und den Rumpf nach dem Vorschlag von Prof. Döllken ein aus einer vertikalen Holzwand und einer horizontalen Fussplatte bestehendes Gestell hergestellt; die Fussplatte trug leistenförmige Brettchen, zwischen welche die Füsse gestellt wurden. In dieser stets leicht wieder herzustellenden, durch Anbringung von Merkmalen bestimmten Haltung wurden die Körperumrisse aufgezeichnet. Dem Arm wurde eine Stellung in äusserster Supination bei Streckung des Ellenbogengelenks und Spreizung der Finger, die Volarfläche nach oben bzw. vorn gewandt gegeben.

Um die Lage und Begrenzung der durchgepausten hyperalgetischen Felder topographisch genau zu bestimmen, wurden gewisse anatomische Merkmale wie Knochenränder und -vorsprünge, Gelenklinien, Warzen u. dergl. sowie eine Anzahl von Längs- und Querlinien, welche mittels Kopierstift oder Höllenstein auf die Haut gebracht wurden, mit verzeichnet. Die Durchpausungen wurden, um Verzerrungen bei dem Anlegen der Pausblätter an die gekrümmten Körperoberflächen richtig zu stellen, mit dem Bandmass kontrolliert, d. h. es wurden an der Haut die Grenzen der Felder unter Anlehnung an die genannten anatomischen Merkmale und die gezeichneten Richtlinien ausgemessen und die Masse auf die Pause übertragen.

Die Umrisszeichnungen der Körperteile bei den verschiedenen Aufnahmen von vorn, von hinten und seitlich wurden unter Benutzung der genannten orientierenden Merkmale gegeneinander angepasst, so dass die Fortsetzung der Grenzlinien der hyperalgetischen Felder von der einen in die andere Aufnahme leicht aufzufinden war.

Es wurde ferner von jeder Körperregion noch eine zweite Aufzeichnung hergestellt, in welcher die Grenzen des Körperteils nicht perspektivisch, sondern planimetrisch, d. h. auf die Fläche projiziert zur Darstellung gebracht wurden. Nachdem die vordere und hintere Hälfte des Körperteils durch Richtlinien, welche auf die Haut aufgezeichnet wurden, von einander abgegrenzt worden waren, wurde der vordere bzw. hintere Umfang bis zu diesen Linien unter genauer Ausmessung flächenhaft aufgerollt. Diese Projektionen wurden den körperlichen Konturen aufgelegt, so dass Abbildungen entstanden, welche die Umrisse der Körperform und zugleich, diese überragend, die planimetrischen Umgrenzungen derselben enthielten. In diese Abbildungen wurden die hyperalgetischen Felder und Grenzlinien der spinalen Bezirke von den Pausen übertragen, welche solchergestalt in korrekter Ausmessung wiedergegeben wurden und zugleich die Beziehungen zu den Körperkonturen erkennen liessen.

Ausserdem wurden die auf der Haut entworfenen Bezirke körperlich in die Konturbilder der Körperteile eingezeichnet (unter Bezugnahme auf die erwähnten anatomischen Merkmale).

So stand für die Ermittlung der spinalen Bezirke eine doppelte Aufzeichnung der Einzelergebnisse zur Verfügung: eine auf die Fläche aufgerollte, welche die wirklichen Ausmasse enthielt, und eine körperliche mit den bezüglichen perspektivischen Verkürzungen.

Auf eine Heranziehung des photographischen Verfahrens konnte ich um so mehr verzichten, als die beschriebene Art des technischen Vorgehens allen Anforderungen an Korrektheit genügte und die lebensgrosse Wiedergabe mir besonders wünschenswert erschien.

Es wurde ferner ein drittes Verfahren angewendet: die auf die Haut verschiedenfarbig aufgezeichneten hyperalgetischen Felder nebst Klemmenstellen sowie die gefundenen segmentalen Mittellinien und intersegmentalen Grenzlinien wurden nicht durchgepaust, sondern sofort topographisch in vorher hergestellte lebensgrosse Konturzeichnungen der Körperteile, welche die erwähnten anatomischen Merkmale und Richtlinien enthielten, übertragen. Am Rumpf wurden die Rippenränder, die Mammillar- usw. Linien, die Wirbel, Darmbeinschaufel u. a. m. zur Orientierung benutzt.

Durch die Kombination dieser verschiedenen Methoden wurden Fehler der zeichnerischen Uebertragung vollständig ausgeschaltet.

Die Ergebnisse, welche bei König gewonnen wurden, stimmten mit denen bei mir selbst in durchaus befriedigender Weise überein.

Die Zeichnung der Körperkonturen, namentlich der endgültigen Tafeln, nach welchen die beigegebenen Abbildungen hergestellt worden sind, wurde in dankenswerter Weise von einem jungen Maler Georg Dietrich aus Dresden, zu einem Teile von meiner Frau ausgeführt.

Was schliesslich die Identifizierung der ermittelten Bezirke mit den Segmenthöhen des Rückenmarks betrifft, so wird diese im folgenden für die einzelnen Territorien begründet werden. Allgemein ist darüber zu sagen, dass sie sich vielfach aus der Lage der Hautbezirke unmittelbar ergab, dass es ferner bei den Rumpfzonen gelang, sie bis zu ihren bezüglichen Wirbelhöhen zu verfolgen, dass endlich die bisherigen Forschungsergebnisse und die Erfahrungen der Autoren gebührend verwertet wurden. Daneben konnten bei einigen strittigen Gebieten gewisse Wahrscheinlichkeitsschlüsse nicht umgangen werden.

Ich bin weit davon entfernt meine Darstellung der Spinalgebiete für eine absolut vollkommene zu halten; aber ich glaube, dass sie als eine Vervollkommnung der bisherigen Ergebnisse zu bezeichnen ist. Wenn sie sich auch nur auf zwei Versuchspersonen stützt, so ist doch zu beachten, dass die von beiden gewonnenen Resultate übereinstimmen. Da die Beobachtungen ausserordentliche Einübung verlangen, so dürfte es mehr auf die Qualität derselben als auf die Zahl der untersuchten Individuen ankommen.

II. Beschreibung der Bezirke.

Es ist nicht meine Absicht, die zum Teil sehr divergierenden Angaben über die Verbreitung und Abgrenzung der spinalen Sensibilitätsbezirke hier weitläufig zu erörtern.

Meine Ergebnisse stimmen mit den grundlegenden Tatsachen überein. So konnte ich die von Sherrington festgestellte Ueberlagerung der spinalen Zonen vollkommen bestätigen. Am Rumpf erstrecken sich die letzteren von der dorsalen zur ventralen Mittellinie. Sie sind hier von bandartiger Form, vorn breiter als hinten. Ihre Richtung ist eine von der dorsalen zur ventralen Mittellinie absteigende. Auch an der ventralen und dorsalen Mittellinie findet eine wenn auch unbedeutende Ueberlagerung statt, und zwar an der letzteren in geringerem Masse als an der ersteren (wie Sherrington richtig angibt). Ich fand sie ventral im Betrage um 1—1,5 cm, dorsal nur bis höchstens 0,4 cm.

Aus der dorsalen und ventralen Mittellinie gehen die von Sherrington so genannten Axiallinien der Extremitäten hervor, je eine vordere, aus der ventralen, und eine hintere, aus der dorsalen Mittellinie sich abzweigende.

Die aus der ventralen Mittellinie entspringende Axiallinie für die obere Extremität tritt aus jener in der Höhe des Angulus Ludovici (am oberen Rande der 2. Rippe) rechtwinklig hervor und wendet sich der Volarfläche des Armes zu, wo sie zur volaren Axiallinie derselben wird. Die aus der dorsalen Mittellinie hervorgehende Axiallinie verlässt dieselbe in der Höhe des 7. Halswirbels, zieht schräg abwärts und lateralwärts und wird zur dorsalen Axiallinie des Armes.

Von den Axiallinien der unteren Extremität biegt die als vordere Axiallinie derselben anzusprechende aus der ventralen Mittellinie in der Höhe des oberen Endes des Skrotums ab, tritt, den oberen Teil des Skrotums von vorn nach hinten umkreisend, dort, wo die Leistenbeuge an die innere Fläche des Oberschenkels anstösst, zur letzteren und läuft zunächst an dieser hinunter.

Die hintere Axiallinie geht aus der dorsalen Mittellinie am unteren Rande des 5. Lendenwirbels (dem oberen Kreuzbeinrande) hervor und wendet sich in einem lateralwärts weit ausgreifenden Bogen abwärts ziehend über das Gesäss hinweg zur hinteren äusseren Oberschenkelfläche.

Die Art des Ursprungs und Verlaufs der Axiallinien zur Extremität ähnelt der von Sherrington, von Wichmann, von Seiffer sowie von Flatau angegebenen, ohne ganz mit ihr übereinzustimmen. Auf weitere Differenzen des Verlaufes an den Extremitäten selbst gegenüber den bisherigen Darstellungen komme ich unten zurück.

Die spinalen Bezirke der Extremitäten ordnen sich so an, dass sie sich wie am Rumpf von Axiallinie zu Axiallinie erstrecken. Am Bein ist das Herabsteigen von der hinteren zur vorderen Axiallinie sehr auffällig und erscheint als Fortzetzung der Richtung, welche die unteren Rumpfsegmente nehmen.

An jedem spinalen Hautbezirk ist eine obere (kraniale) und untere (kaudale), sowie eine vordere (ventrale, distale) und hintere (dorsale, proximale) Grenze zu unterscheiden.

A. Halsbezirke.

Eine Zone, welche ich auf C_1 beziehen könnte, habe ich nicht gefunden. Dies stimmt mit den Angaben von Sherrington, Bolk u. A. überein, nach welchen der 1. Zervikalwurzel ein Hautgebiet nicht zukommt.

C_2 stellt sich als eine schräg von der Scheitelgegend zur Hals-Kinngegend absteigende Zone dar, welche einen Teil des äusseren Ohres mit umfasst. Die obere Grenze verlässt die dorsale Mittellinie an der Grenze des Hinterhaupts- und Scheitelbeins, an der Stelle der kleinen Fontanelle, und steigt zunächst seitlich schräg empor bis zur Koronarnaht, um dann nach unten in eine fast senkrechte Richtung umzubiegen und sodann, von neuem die Richtung ändernd, schräg über den oberen Teil der Ohrmuschel hinweg zum Kinn zu verlaufen; sie verlässt die Ohrmuschel am oberen Rand des Tragus. Diese Linie ist mit der bekannten Scheitel-Ohr-Kinngrenze identisch.

Die eigentümliche Form des Verlaufs der Grenze am Schädel, welche sich bisher bei den Autoren nicht findet und welche sich bei den folgenden Zervikalgrenzen wiederholt, ist dem Verhalten der Rumpfzonen analog (vgl. Fig. 5, Taf. II).

Die Scheitel-Ohr-Kinnlinie stellt eine sehr feste Grenze dar, an welcher die im Zervikalgebiet erzeugte Hyperalgesie konstant scharf abschneidet. Sie wird jedoch vom III. Trigeminusast stark überlagert.

Die untere Grenze von C_2 geht aus der dorsalen Mittellinie in einer Höhe hervor, welche etwa der Mitte der Ohrmuschel (dem Tragus) entspricht. Sie steigt ähnlich wie die obere Grenze nach oben und aussen empor, bis etwas über das obere Ende der Ohrmuschel hinaus, fällt dann steil ab, nähert sich dem Ohrläppchen und biegt unter demselben in eine flachere Richtung nach vorn um, in deren Verfolgung sie am Schildknorpel endigt.

Der Bezirk, welcher dem von Bolk angegebenen ähnelt, lässt den oberen vorderen Teil der Ohrmuschel frei. Von letzterer ist besonders die hintere Fläche hyperalgetisch; übrigens ist die Ohrmuschel schwer auf Hyperalgesie zu untersuchen.

C_3. Die untere Grenze liegt an der dorsalen Mittellinie in der Höhe des IV. Halswirbels, steigt wiederum zunächst nach aussen und oben an, etwa bis zur Höhe des Fusspunktes der vorigen Grenze (Tragushöhe), biegt mit spitzem Knick nach unten um und setzt sodann unterhalb des Ohres in flacherem Verlauf ihren Weg zum oberen Rande des Manubrium sterni fort.

C_4 schliesst an C_3 an. Die untere Grenze tritt aus der dorsalen Mittellinie in der Höhe der Vertebra prominens aus und zieht absteigend unter der Schulterhöhe, die Spina scapulae kreuzend, bei herabhängendem Arm ziemlich genau über den oberen inneren Schulterblattwinkel hinweg gegen die hintere Fläche des Schultergelenks, biegt sodann scharf nach oben um, läuft um den äusseren Rand des Oberarmes über den Delta-Muskel hin zur Volarfläche des Oberarmes, von hier in spitzem Winkel aufsteigend mit leichter Bogenbildung quer über die Brust und endigt am oberen Rande der 2. Rippe (Angulus Ludovici).

Ich möchte nicht unerwähnt lassen, dass Bolk die Grenze von C_4 gleichfalls von der Wirbellinie sich abbiegend zeichnet.

Die merkwürdige Art des Verlaufs in der Schultergegend hängt mit der Bildung des „Aermellochs" (Wichmann) zusammen, welche unten besonders besprochen werden wird.

Mit der unteren Grenze von C_4 schliessen am Rumpf die Zervikalsegmente ab. Sie ist identisch mit dem Rumpfabschnitt der Axiallinie der oberen Extremität und umfasst sowohl den aus der dorsalen wie den aus der ventralen Mittellinie entspringenden Anteil derselben, welcher erstere weiterhin zur dorsalen Axiallinie des Arms wird, während der letztere sich in die volare Axiallinie fortsetzt. In weiterer Auffassung ist demnach diese Linie so zu beschreiben, dass sie sich von der dorsalen Mittellinie des Körpers in die Höhe der Vertebra prominens ablöst, zur hinteren Fläche des Schultergelenks, sodann an der Dorsalfläche des Ober- und Unterarms und der Hand herabläuft, auf die Streckfläche des Mittelfingers, denselben halbierend, übergeht, an der Fingerspitze herumbiegt, in gleicher Weise die Volarfläche der Hand und des Armes emporsteigt, an der vorderen Fläche des Schultergelenks sich zur Brust umwendet und quer über diese hinweg zum Angulus Ludovici verläuft.

Das vorher beschriebene quer-bogenförmige Schaltstück an der Schulter stellt sich hiernach als eine aus der Axiallinie hervorgehende intersegmentale Grenzlinie dar.

Wenn wir die ventrale und dorsale Mittellinie des Rumpfes als Axen I. Ordnung, die Axiallinien als Axen II. Ordnung auffassen, so sind die aus den Axiallinien entspringenden intersegmentalen Grenzen Axen III. Ordnung. Somit setzt sich die untere Begrenzung von C_4 aus Axenbestandteilen II. und III. Ordnung zusammen.

Die untere Grenze von C_4 zeigt eine ausserordentliche Konstanz und eine viel geringere Ueberlagerung als die Grenzen $C_{3/4}$ und $C_{2/3}$. Sie ist daher wie die Scheitel-Ohr-Kinnlinie als eine feste Linie anzusehen, was mit den bisherigen Erfahrungen übereinstimmt (Hals-Rumpf-Grenze Wagner-Stolper). Immerhin findet eine gewisse Ueberlagerung auch hier statt, obwohl zwischen C_4 und den kaudalwärts sich anschliessenden Hautterritorien mehrere Segmente ausgefallen sind. Denn die untere Grenze bildet die obere Grenze von D_{2+3}.

In den Darstellungen der Spinalgebiete wird gewöhnlich ein der dorsalen Mittellinie anliegendes dreieckiges Gebiet $C_{5/7}$ gezeichnet, welches vom IV. Zervikalwirbel bis zur Vertebra prominens abwärts reicht, zwischen C_4 und D_2 eingeschoben ist und C_4 von der Mittellinie abdrängt. Es ist möglich, dass ein solches von den dorsalen Aesten des Trunkus der Rückenmarksnerven versorgtes Gebiet existiert. Die Entwicklung dieser Dorsaläste für die Haut an den unteren Zervikalwurzeln scheint nach der Literatur schwankend zu sein (wenigstens für C_7 und C_8). Ich habe jedenfalls eine Hyperalgesie an dieser Stelle bei Reizung der dem 5.—7. Zervikalsegment zugehörenden Hautbezirke des Arms nicht gefunden und möchte daher glauben, dass, wenn ein solches Innervationsfeld existiert, was ich nicht bezweifeln oder bestreiten kann, es von C_4 so überlagert wird, dass es auch diesem hinzugerechnet werden kann, zumal es mit den eigentlichen am Arm gelegenen (dem ventro-neuralen

Anteil der Nervenwurzeln entsprechenden) Spinalzonen C_5—C_7 in keinem räumlichen Zusammenhange steht.

Bezüglich des Verlaufes der unteren C_4-Grenze über das Schultergelenk und den Oberarm finden sich in der Literatur divergierende Angaben [genauer dargestellt bei Wichmann[1])]; es handelt sich darum, ob die Linie quer über den Deltamuskel oder parallel mit seiner Faserung am Arm abwärts oder aufwärts über die Schulterhöhe verläuft. Meine unten zu gebende Darstellung über die Verhältnisse des „Aermellochs“ wird die Ursache dieser Meinungsverschiedenheiten aufzuklären im Stande sein.

B. Rumpfbezirke.

Allgemein ist über die Rumpfbezirke zu sagen, dass sie sich in besonders hohem Masse überlagern, was schon Sherrington hervorgehoben hat. Durch mein oben geschildertes Verfahren der Mittellinien- und Grenzlinienbestimmung vermochte ich hier Klarheit zu schaffen.

Die intersegmentalen Grenzlinien (Axen III. Ordnung) des Rumpfs entspringen aus der dorsalen Mittellinie in der Ausdehnung vom 7. Halswirbel bis zum 1. Lendenwirbel einschliesslich (untere Grenze von D_{12}). Sie endigen an der ventralen Mittellinie in dem Raume zwischen Angulus Ludovici und oberer Grenze der Schamhaare. Wie bereits bemerkt, findet vorn wie hinten eine geringe Ueberlagerung statt, welche hinten noch schwächer ist als vorn. Ich finde dieselbe übrigens wie Sherrington am Abdomen stärker als an der Brust (besonders im Epigastrium), aber entgegen diesem Autor am Penis nicht besonders stark.

Die Grenzlinien fallen von der dorsalen Mittellinie schräg nach vorn ab, und zwar so, dass sie nach unten hin mit jedem Segment steiler verlaufen. In ihrem Verlauf um den Rumpf nach vorn biegen sie in eine flache absteigende Richtung um und gelangen zur ventralen Mittellinie an der Brust nahezu horizontal, am Bauch leicht geneigt (vgl. Fig. 5, Taf. II). Die Steilheit, mit welcher die Grenzlinien aus der dorsalen Mittellinie abfallen, ist eine ausserordentliche und wohl bedeutender, als bisher angenommen wurde.

In der Höhe des Schulter- und Arm-Ansatzes, von der Vertebra prominens bis etwa zum 6. Brustwirbel, ist die absteigende Richtung der Segmente am wenigsten ausgesprochen. Die Halssegmente dagegen fallen wieder erheblich steiler ab (Fig. 2, Taf. I und Fig. 3, Taf. II).

Je steiler der Verlauf des dorsalen Anteils der Spinalzonen ist, desto mehr tritt eine eigentümliche Bildung des Ursprungs derselben in Erscheinung, welche darin besteht, dass die die obere und untere Grenze verbindende Bogenlinie mit ihrem oberen Abschnitt von der dorsalen Mittellinie abgedrängt wird (Fig. 5, Taf. II). Das Segment dehnt sich somit seitlich der dorsalen Mittellinie zunächst kranialwärts aus. Die infolge

---

1) Die Rückenmarksnerven und ihre Segmentbezüge. 1900.

dieser Bildung frei bleibenden Teile der dorsalen Mittellinie werden durch Ueberlagerung von Seiten benachbarter Gebiete gedeckt. Die Zeichnung, welche Bolk auf Grund der Nervenpräparation vom 4. Zervikalsegment gibt[1]), erinnert an diese Form.

Die gleiche Bildung fand sich an den Zervikalbezirken (siehe oben).

Da die von den Rumpfbezirken bedeckte Strecke ventral grösser ist als dorsal (im Verhältnis von 4 : 3), so müssen die Segmente nach vorn hin an Breite (Höhe) zunehmen; dies gilt vornehmlich für die Bauchbezirke.

Nach den von mir festgestellten intersegmentalen Grenzlinien unterscheide ich folgende Zonen.

D_{2+3}. Schliesst an **C_4** an und reicht vorn bis zum unteren Rande der 3. Rippe, hinten bis zum Dornfortsatz des 3. Brustwirbels; die untere Grenze geht in der Seitenwand dicht unter der Kuppe der Achselhöhle hinweg. In der Schultergegend zeigt die obere Grenze eine Bogenbildung, ähnlich wie sie bei **C_4** beschrieben wurde. An derselben Stelle, wo die untere Grenze von **C_4** die unter scharfem Knick abgehende quere Bogenlinie bildet, findet sich eine entsprechende den Oberarm nach innen halb umkreisende, die Achselhöhle durchquerende Linie, welche der oberen Grenze von **D_{2+3}** angehört. Sie verbindet den ventralen Anteil dieser Grenze mit dem dorsalen Anteil derselben und beteiligt sich an der Bildung des „Aermellochs" (Figg. 6 u. 7, Taf. II). Der Bezirk **D_{2+3}** erleidet durch diese Linienführung eine ziemlich starke Verengerung zwischen seinem ventralen und dorsalen Anteil.

Ich betrachte diese Zone als gemeinschaftlichen Bezirk **D_{2+3}** aus folgenden Gründen:

1. Sie ist doppelt so breit wie die folgenden D-Bezirke.

2. Ich vermochte eine intersegmentale Grenzlinie innerhalb dieser Zone nicht aufzufinden.

3. Nach der Zahl der weiter unten folgenden intersegmentalen Grenzlinien und nach Massgabe der Begrenzung des unmittelbar nach unten anschliessenden Segments muss letzteres als **D_4** bezeichnet werden.

Kocher[2]) fasst gleichfalls **D_2** und **D_3** zusammen. Dass unterhalb der Hals-Rumpflinie sich zunächst **D_2** vorfindet, entspricht der allgemeinen Annahme. Bekanntlich soll **D_2** in der Achselgegend auf den Oberarm übergreifen und einen zungenförmig nach unten ausladenden Bezirk an der Innenfläche desselben versorgen. Ich verweise in dieser Beziehung auf meine Darstellung der Verhältnisse des Armansatzes (siehe unten). Nach der Präparation von Bolk[3]) hat das 2. Dorsalsegment übrigens nur einen minimalen Anteil an der Innervation des Arms.

---

1) Morphol. Jahrbuch. 1898. Bd. 25. S. 490.

2) Mitteilungen aus den Grenzgebieten usw. 1896. Bd. 1.

3) Morphol. Jahrbuch. 1898. Bd. 26.

Zwischen D_{2+3} und C_4 schiebt sich am Rücken vielleicht ein schmales Gebiet D_1 ein (Fig. 2, Taf. I), für welches dasselbe gilt, was oben über C_{5-7} gesagt wurde. Auch bis zum 6. oder 8. Dorsalsegment hinunter scheinen sich die hinteren Zweige der Trunci an der Hautinnervation zu beteiligen.

D_4. Die untere Grenze geht vorn in der Höhe des unteren Randes der 4. Rippe und über die Brustwarze hinweg; hinten erreicht sie die dorsale Mittellinie in der Höhe des Dornfortsatzes des 4. Brustwirbels. Dies entspricht der allgemeinen Annahme. Bezüglich der Darstellung bei Kocher (l. c.) ist zu bemerken, dass dieser die dorsale Lage der Rumpfsegmente durchgehends viel zu tief zeichnet, nämlich nahezu in gleicher Höhe wie die ventrale.

Man kann diese „Intermammillarlinie" als eine ziemlich feste Grenze bezeichnen; sie zeigt von oben wie von unten her mässige Ueberlagerung.

D_5. Untere Grenze vorn entsprechend dem unteren Rande der 5. Rippe, hinten am Dornfortsatz des 5. Brustwirbels.

Die Brustwarze fällt zum Teil in den Bezirk D_4, zum Teil in D_5.

D_6. Die untere Grenze berührt vorn den unteren Rand der 6. Rippe und geht über den Schwertfortsatz hinweg durch den Scrobiculus cordis; hinten erreicht sie den Dornfortsatz des 6. Brustwirbels. Dies entspricht der meistgegebenen Darstellung, nur mit der Abweichung, dass ich die Grenze an der dorsalen Mittellinie höher finde als sie die Autoren sonst angeben (8. Brustwirbel!). Ich glaube hier für mich die zutreffendere Darstellung in Anspruch nehmen zu dürfen; die Steilheit des Ansteigens der Segmente in ihrem dorsalsten Abschnitt ist eben bedeutend erheblicher als bisher angenommen wurde.

Diese „Xiphoidlinie" ist von bedeutender Festigkeit, besonders in ihrem vorderen Abschnitt.

D_7. Untere Grenze vorn am unteren Rande der 7. Rippe und durch das Epigastrium gehend; hinten am Dornfortsats des 7. Brustwirbels.

D_8. Untere Grenze in der ventralen Mittellinie in der Mitte zwischen der Spitze des Schwertfortsatzes und dem Nabel, seitlich am oberen Rande der 9. Rippe; hinten am Dornfortsatz des 8. Brustwirbels.

D_9. Untere Grenze oberhalb des Nabels, seitlich über das untere Ende der 11. Rippe ziehend; hinten am Dornfortsatz des 9. Brustwirbels.

D_{10}. Untere Grenze vorn in der Höhe des Nabels, hinten am Dornfortsatz des 10. Brustwirbels. Dies entspricht im grossen und ganzen den Angaben von Kocher, Wichmann u. a. und der Darstellung bei Seiffer und Flatau, nur dass bei diesen letzteren Autoren die hintere Grenze am 12. Brustwirbel verzeichnet und die 11. Rippe einbezogen wird. Kocher lässt die Grenze etwas unter den Nabel reichen und zeichnet die hintere Grenze entschieden zu tief (siehe oben).

D_{11}. Wenn man sich die Entfernung zwischen Nabel und Genitalien in 3 Teile geteilt denkt, so entspricht die untere Grenze von **D_{11}** der Grenze zwischen oberem und mittlerem Drittel. Hinten erreicht sie den 12. Brustwirbel.

D_{12}. Die untere Grenze liegt vorn am oberen Rande der Schamgegend, hinten am oberen Rand des 2. Lendenwirbels. Die Angaben über diese Zone sind sehr divergent (vgl. die Zusammenstellung bei Wichmann). Im Seiffer'schen und Flatau'schen Schema ist der vordere Verlauf der unteren Grenze etwa so gezeichnet, wie ich ihn finde, während sie hinten in der Höhe des oberen Kreuzbeinrandes liegt und als Ursprung der hinteren Axiallinie des Beins dargestellt ist.

L_1 dürfte noch den Rumpfbezirken hinzuzuzählen sein, da es ebensowohl den Rumpf wie das Bein versorgt und noch diesseits der Axiallinie gelegen ist. Die Verbreitung dieses ausgedehnten Segments ist eine ebenso interessante wie komplizierte. Seine obere Grenze verläuft naturgemäss entsprechend der unteren von **D_{12}**. Die in der ventralen Mittellinie (Linea alba) aus der oberen Grenze nach unten abbiegende ventrale (distale) Grenze[1]) verläuft abwärts bis zum oberen Ende des Skrotums, biegt dann in einer nach aussen und etwas nach unten gerichteten Wendung über dasselbe nach hinten und erreicht die innere Oberschenkelfläche dort, wo die Leistenbeuge mit derselben zusammenstösst. Sie geht dann an der inneren Oberschenkelfläche gerade herunter und biegt etwa an der Grenze zwischen oberem und mittlerem Drittel des Oberschenkels, genauer nach $^2/_5$ des Abstandes zwischen oberstem Ende der inneren Schenkelfläche und Kniegelenk, spitzwinklig auf die vordere Oberschenkelfläche um, auf welcher sie als untere Grenze von **L_1** schräg autwärts und nach aussen verläuft. Sie schlägt sich weiterhin um die laterale Fläche der Hüfte und gelangt schräg nach oben und innen ziehend zum unteren Rande des 3. Lendenwirbels. Jene ventrale Grenzlinie, welche die obere und untere Grenze von **L_1** mit einander verbindet, bildet zugleich den Ursprung der vorderen Axiallinie des Beins.

Die Angaben über **L_1** divergieren ausserordentlich. Bei Seiffer reicht **L_1** nicht an die Wirbelsäule heran, sondern nur bis zum seitlichen Teil des Gesässes und der Hüfte; die untere Grenze ist nicht gezeichnet. Bei Flatau findet sich an der hinteren Körperfläche überhaupt nichts von **L_1**; vorn bildet es einen Streifen, welcher bis zur Leistenbeuge herunterreicht. Kocher fasst **L_1** und **L_2** zusammen und gibt dem gemeinschaftlichen Bezirk eine wesentlich von meinem Befund abweichende Lagerung. Im übrigen vgl. Wichmann. Ich habe das von mir be-

---

1) Von der Ueberlagerung der ventralen Mittellinie sehe ich hier ab.

schriebene Gebiet mit besonderer Sorgfalt kontrolliert und halte ebensowohl seine Begrenzung für gesichert wie seine Identität mit der 1. Lumbalzone.

C. Obere Extremität.

Die Axiallinien sind oben bereits kurz beschrieben worden.

Die vordere oder volare Axiallinie zweigt sich von der ventralen Mittellinie in der Höhe des Angulus Ludovici rechtwinklig ab, zieht quer über die Brust mit leichter bogenförmiger Krümmung zur vorderen Fläche der Schultergegend und geht sodann auf die Vorlarfläche des Oberarms über, um in der Mitte derselben am Arm hinunter zur Hohlhand und zum Mittelfinger zu ziehen, welchen sie in seiner Mittellinie bis zur Spitze durchläuft.

Die hintere oder dorsale Axiallinie geht aus der dorsalen Mittellinie in der Höhe der Vertebra prominens hervor, zieht zunächst schräg abwärts, wendet sich über die hintere Fläche der Schultergegend· zur Dorsalfläche des Oberarms und geht in einem der volaren Axiallinie entsprechenden Verlauf gleichfalls bis zur Spitze des Mittelfingers.

Ueber den Verlauf der Axiallinien finden sich, namentlich bezüglich des distalen Abschnitts derselben, widersprechende Angaben. Teils wird ihr Verlauf an der Hand überhaupt nicht gezeichnet, teils lässt man sie am 4. Finger, am Ulnarrande des Mittelfingers, am Daumen endigen. Sherrington zeichnet sie bis zum oberen Drittel bzw. zur oberen Hälfte des Unterarms.

Ich habe mich von der Halbierung der gesamten oberen Extremität durch die Axiallinien auf das schärfste überzeugt und kann gerade auch für den Verlauf über die Mittellinie des Mittelfingers einstehen. Ich verweise in dieser Beziehung auch auf meine Abbildungen der Fingerbezirke (Figg. 39—42 meiner Strukturarbeit).

Sehr interessant gestaltet sich der Ansatz der Armsegmente an die Rumpfsegmente (Figg. 6 und 7, Taf. II). An dem Uebergang der Schulter zum Oberarm findet sich eine quer den Oberarm umkreisende Linie, welche aus zwei gegeneinander abgesetzten gebogenen Hälften besteht. Der eine dieser beiden Bogen geht von der volaren zur dorsalen Axiallinie um die Aussenfläche, der andere, etwas kürzere, um die Innenfläche herum, die Konvexität nach dem Rumpf hin, d. h. proximalwärts gerichtet. Der Punkt, an welchem der äussere und innere Bogen in der vorderen Axiallinie zusammentreffen, liegt dort, wo der untere Rand des grossen Brustmuskels an den vorderen Rand des Deltamuskels herantritt. Der Treffpunkt der beiden Bogenlinien in der hinteren Axiallinie ist in dem schmalen Raum zwischen dem langen Trizepskopf und dem hinteren Rande des Deltamuskels, in der Höhe, wo der letztere das obere Ende des äusseren Trizepskopfes bedeckt, gelegen. Die innere Bogenlinie hat ihre höchste Erhebung in dem oberen Abschluss der Achselhöhle, die äussere in der entsprechenden Höhe der Aussenseite des Oberarms.

Die Stellen der höchsten Erhebung der Bogenlinien sind zugleich die Endpunkte der segmentalen Mittellinien (siehe oben). Letztere verlaufen an der oberen Extremität nahezu (nicht überall genau) entsprechend dem Radial- und Ulnarrand des Arms. Die radiale segmentale Mittellinie endigt also proximalwärts an dem lateralen Rande des Oberarms dort, wo der äussere Querbogen das Schlussstück seiner Krümmung zeigt, die ulnare Mittellinie in der Mitte des oberen Abschlusses der Achselhöhle an der entsprechenden Stelle des inneren Querbogens.

Die Fig. 6 und 7, Taf. II, bringen diese Verhältnisse zur Anschauung.

Jedes der beiden den Axiallinien anliegenden Segmente des Oberarms, das radialwärts gelegene (präaxiale) wie das ulnarwärts gelegene (postaxiale) schliesst somit nach oben mit einer Bogenlinie ab, welche seine proximale Begrenzung darstellt, und ist durch eine segmentale Mittellinie in zwei symmetrische Hälften geteilt. Die Mittellinie endigt proximal dort, wo der aufsteigende Teil des Bogens in den absteigenden Teil übergeht.

Die beiden den Arm umkreisenden Bogenlinien stellen in ihrer Gesamtheit die Oeffnung dar, an welcher die Armsegmente an die Rumpfsegmente ansetzen (Wichmann's Aermelloch).

Die spinalen Wurzelbezirke, welche die obere Extremität versorgen, sind: $\mathbf{C_{5-8}}$ und $\mathbf{D_1}$.

Durch die Längsteilung des Armes und der Hand seitens der Axiallinien entstehen zwei lange Bezirke, ein radial (präaxial, kranial) und ein ulnar (postaxial, kaudal) gelegener. Der erstere setzt sich mittels der beschriebenen queren Bogenlinien an $\mathbf{C_4}$, der letztere an $\mathbf{D_{2+3}}$ an. Ich finde den erstgenannten langen Bezirk in drei Abschnitte geteilt, nämlich durch eine Trennungslinie, welche vom Ellbogengelenk aufwärts und eine zweite, welche vom Handgelenk aufwärts zieht. Beim zweiten, dem ulnar gelegenen Bezirk habe ich mich von dem Vorhandensein einer intersegmentalen Grenze in der Höhe des Ellbogengelenks nicht überzeugen können. In der Abbildung sind diese Linien gebrochen angegeben, weil die durch sie dargestellten Grenzen von geringer Festigkeit sind. Es finden starke Ueberlagerungen in beiden Richtungen statt. Trotzdem dokumentieren sich die Linien bei den von mir angewendeten Methoden als intersegmentale Grenzen und zwar die nach dem Handgelenk konvergierenden schärfer und sicherer als die vom Oberarm nach dem Ellbogengelenk ziehende.

Ich nehme, in Uebereinstimmung mit den Erfahrungen und Angaben der Autoren an, dass der radiale (präaxiale) gesamte Längsbezirk den Segmenten $\mathbf{C_5}$—$\mathbf{C_7}$ angehört und teile mit Rücksicht auf die hinreichend deutliche Vorderarm-Handgelenkgrenze den von der Schulter-Armgrenze bis zur Handgelenkgrenze reichenden Bezirk den Segmenten $\mathbf{C_5}$ und $\mathbf{C_6}$, den radialen Handbezirk $\mathbf{C_7}$ zu. Wahrscheinlich wird $\mathbf{C_5}$ gegen $\mathbf{C_6}$ durch die schräge Oberarm-Ellbogengrenze abgesetzt, was jedoch mit Vorbehalt zu sagen ist. Immerhin befinde ich mich bezüglich dieser Annahme in Uebereinstimmung mit Wichmann, Seiffer, Flatau, Bolk. Letzterer fand bei seinen Präparationen das Dermatom von C_5 an der Dorsalfläche auf den Oberarm beschränkt, während an der Volarfläche der Unterarm in geringer Ausdehnung mitbestrichen war. Sherrington gibt beim Affen der Zone eine zungenförmige Fortsetzung auf die Gegend des Supinator longus bis zur Hälfte des Unterarms. Thorburn lässt C_5 bis zum Handgelenk gehen, Kocher bis auf den Daumenballen.

C_6 wird verschieden dargestellt. Sherrington lässt es bis zum radialen Rande der Grundphalanx des Zeigefingers reichen. Nach Bolk schliesst es sich in der Höhe des Ellbogengelenks an C_5 an und „sitzt wie eine Schiene dem radialen Rande des Vorderarmes auf, dabei mehr die ventrale als die dorsale Fläche überdeckend. Um den radialen Rand der Hand herum überdeckt es weiter distal ebenso die dorsale und die ventrale Fläche der Hand teilweise". An der Innervation der radialen Hälfte der Hand beteiligt sich nach diesem Autor C_6 in Gemeinschaft mit C_7. Eine präparatorische Abgrenzung der metameren Bezirke war hier unausführbar. Bolk lässt deshalb C_6 mit C_7 bis zu den Fingerspitzen reichen. Auch bei Allen Starr, Thorburn, Kocher reicht C_6 bis zum distalen Ende der Extremität. Die Schemata von Seiffer und Flatau schliessen sich diesen Annahmen, letzterer speziell den Bolk'schen Angaben an. Sherrington nimmt ein dreifaches Ueberlagern an der Hand an.

Wenn ich C_6 an der schrägen Unterarm-Handgelenklinie endigen lasse, so bin ich mir wohl bewusst, dass ich hierfür kein anderes Moment anführen kann, als eben das Vorhandensein einer intersegmentalen Grenzlinie an dieser Stelle. Im übrigen ist die Ueberlagerung hier eine weitgehende, so dass auch ich annehmen möchte, dass ebenso wohl ein erheblicher Teil der Hand von C_6, wie ein Teil des Unterarms von C_7 mitversorgt wird.

Das Dermatom von C_7 besteht nach Bolk aus zwei getrennten Anteilen, einem dorsalen und einem volaren. Der dorsale, welcher Vorderarm und Hand überstreicht, liegt am Vorderarm der Axiallinie an, ohne den Radialrand des Arms zu erreichen (im Flatau'schen Schema gezeichnet); der volare Anteil beteiligt sich erst weiter distalwärts, nach der Hand zu an der Innervation. Die auf die Hand entfallenden Abschnitte von C_7 lassen sich sowohl volar- wie dorsalwärts nicht von C_6 trennen, wie oben bereits bemerkt. Um die Finger herum hängen die beiden getrennten Anteile von C_7 miteinander zusammen.

Allen Starr, Thorburn und in ähnlicher Weise Kocher nehmen an, dass C_7 (ähnlich übrigens auch C_8 sowie C_6) aus zwei getrennten längsstreifigen schmalen Bändern besteht, welche je an der Volar- und Dorsalfläche den Arm von der Schulter bis zu den Fingern durchziehen. Nach Sherrington reicht das Handgebiet von C_7 dorsal- wie volarwärts bis zum Ringfinger.

Ueber die Abgrenzung von C_7 gegen C_6 habe ich mich bereits geäussert. An der Hand reicht C_7 bis zur dorsalen und volaren Axiallinie, welche an der Mittelhand eine nur mässige und am Mittelfinger eine sehr geringe Ueberlagerung zeigt.

Auch Bolk lässt die Mittellinie der Hand durch das 7. Dermatom nicht überschreiten. Er verlegt die Grenze zwischen C_7 und C_8 in die Mitte des Handrückens. Auch wird am Mittelfinger die ulnare Seite nicht erreicht. Er lässt nur eine minimale Beteiligung von C_8 an der Innervation der radialen Hälfte des Handrückens zu. Dagegen ist an der Palmarfläche distal vom Handgelenk keine Grenzbestimmung mehr möglich. Bolk glaubt daher, dass die Innervation der Fingerbeeren in höherem Grade eine Mischung aus mehreren Segmentbezügen darstellt als die der dorsalen Fingerflächen [plurispinal, sicherlich bispinal, vielleicht trispinal[1])].

Ich halte es nicht für wahrscheinlich, dass die segmentäre Innervation der Palmarfläche der Hand eine andre ist als diejenige der Dorsalfläche. Das vollständig gleichmässige Verhalten beider Flächen bezüglich der Abgrenzung der hyperalgetischen Felder (siehe meine Strukturarbeit Figg. 39—42) lässt erkennen, dass es sich um symmetrische Hälften zusammengehöriger Segmente handelt, deren segmentale Mittellinie an den Rändern der Finger entlang zur Mittelfingerspitze verläuft.

Das ulnarwärts von der Axiallinie gelegene Längsgebiet der Extremität (postaxial) muss von C_8 und D_1 versorgt sein.

Bezüglich C_8 gibt Bolk an, dass es wie C_7 aus einem getrennten dorsalen und volaren Anteil bestehe, welche beide sich am distalen Abschnitt der Extremität vorfinden, unweit des Handgelenks beginnend. Beide Anteile innervieren die dorsale und palmare Fläche der Hand, an der letzteren in weitgehender Verflechtung mit C_7 (siehe oben), an der ersteren nur die ulnare Hälfte, nicht über den Mittelfinger hinaus, in Gemeinschaft mit C_9. Vom Unterarm wird jedenfalls nur ein sehr kleiner distaler Abschnitt von C_8 versorgt.

Dieser Befund ist geeignet meine Annahme zu stützen, dass C_8 die ulnare Hälfte der Hand versorgt und am Unterarm der schrägen Unterarm-Handgelenklinie entsprechend endigt.

Für D_1 bleibt hiernach der gesamte Rest der ulnaren Längshälfte des Arms. Auch nach Bolk verbreitet sich D_1 über Oberarm und Unterarm; an der Volarfläche geht D_1 sogar auf den Rumpf über. Wie schon bemerkt, lässt Bolk dieses Segment sich auch an der Versorgung der ulnaren Hälfte der Hand, Dorsal- wie Volarfläche, beteiligen. „Das ganze Dermatom sitzt wie eine Schiene dem ulnaren Rande des Vorderarms auf sowie das sechste Dermatom dem Radialrande des Vorderarms, das fünfte jenem des Oberarms“. Dass D_1 den ulnarwärts von den

---

1) Vgl. hierzu meine Bemerkungen in der Strukturarbeit S. 42.

Axiallinien gelegenen Armteil bekleidet, entspricht der meist vertretenen Ansicht, nur dass einige Autoren am Oberarm ein Gebiet für D_2 reservieren.

Die schräge Ellbogen-Oberarmlinie, welche radialwärts vorhanden ist, vermochte ich auf der ulnaren Seite nicht sicher nachzuweisen. Ich glaubte anfänglich ein symmetrisches Verhalten zu konstatieren, überzeugte mich aber durch wiederholte Nachprüfungen, dass eine irgendwie konstante Grenzlinie ulnarwärts nicht besteht. Auch dies spricht dafür, dass D_1 sich über den Unter- und Oberarm verbreitet. Das Gebiet endigt proximal an der queren Bogenlinie, welche durch die Achselhöhle geht, und wird durch jene von D_{2+3} getrennt.

Am Armansatz findet eine sehr ausgesprochene Ueberlagerung statt, welche namentlich in der Richtung von den Rumpf- zu den Armsegmenten interessant ist. Dieselbe betrifft so gut wie garnicht die Axiallinien selbst. Die Form, in welcher sich die Ueberlagerung dokumentiert, wird durch die Figg. 8 und 9, Taf. III, veranschaulicht.

C_4 greift bei Ausbreitung der Hyperalgesie mit arkadenförmig begrenzten Bezirken, welche ja nach dem Grade der Hyperalgesie mehr oder weniger weit vordringen, auf C_5 über; D_{2+3} in analoger Art auf D_1. Bei grösserer Ausdehnung erscheinen diese übergreifenden Bezirke zungenförmig; den segmentalen Mittellinien entsprechend zeigen sie einen kleinen Einschnitt. Sie halten sich, was bemerkenswert ist, stets an die Axiallinien, welche sie nicht überschreiten. Auch dicht oberhalb des Armansatzes werden die Axiallinien, sowohl die vordere wie die hintere, durch die Hyperalgesie von C_4 oder D_{2+3} nur sehr wenig überschritten.

Hierdurch erklären sich die oben erwähnten Differenzen in den Angaben der Autoren über die Gestaltung der Hals-Rumpfgrenze am Armansatz. Die zungenförmigen Fortsätze am Deltamuskel und an der inneren Fläche des Oberarms von der Achselhöhle aus am Arm herunter sind offenbar identisch mit diesen Ueberlagerungsgebieten. Es existiert somit am Oberarm im Bereich von C_5 eine gleichzeitig von C_4 und im Bereich von D_1 eine gleichzeitig von D_{2+3} (bzw. D_2) innervierte Zone, wie andrerseits C_5 und D_1 auch auf den Rumpf übergreifen, sobald eine sehr starke Hyperalgesie erzeugt wird.

Das hier nachgewiesene Uebereinandergreifen mittels entgegengestellter Bogenlinien ist ganz analog der bogenförmigen Ueberlagerung benachbarter Spinalbezirke, wie ich sie oben und in meiner Strukturarbeit beschrieben habe.

D. Untere Extremitäten.

Die Axiallinien haben an den unteren Extremitäten einen wesentlich komplizierteren Verlauf, die Spinalfelder eine wesentlich kompliziertere Anordnung als an den Armen.

Die vordere Axiallinie geht aus der ventralen Mittellinie in folgender Art hervor: Sie entspringt dicht über der Symphyse, umzieht in leichtem Bogen den oberen Teil des Skrotums, schlägt sich auf demselben nach hinten, gelangt so zum obersten Ende der inneren Oberschenkelfläche, und setzt an dieser, der hinteren Oberschenkelfläche etwas näher gelegen als der vorderen, ihren Weg grade abwärts fort. Nachdem sie zwei Fünftel des Abstandes zwischen oberstem Ende der inneren Oberschenkelfläche und Kniekehle durchmessen hat, wendet sie sich steil schräg abwärts und nach hinten ziehend der hinteren Oberschenkelfläche zu, bis sie etwa zum 3. Viertel der Breite derselben gelangt ist. Sodann geht sie wieder ziemlich gerade abwärts über die Kniekehle hinweg, wo sie $^2/_7$ der Breite der hinterern Fläche vom inneren Rande des Knies entfernt liegt. Nunmehr geht sie in einem zunächst nach aussen konkaven, dann nach aussen konvexen Bogen zur Wade. An der inneren Hälfte der Wade herabziehend wendet sich die Linie schliesslich mit einer leichten Biegung dem Malleolus int. zu, geht hinter diesem zum inneren Rande der Ferse und über diesen hinweg zur Fusssohle, wo sie gradlinig die grosse Zehe erreicht und dicht neben dem der 2. Zehe zugewendeten Rande derselben zur Zehenspitze verläuft.

Die hintere Axiallinie verlässt die dorsale Mittellinie in der Höhe des oberen Kreuzbeinrandes, geht eine kurze Strecke nahezu horizontal, biegt sich dann nach unten und aussen und beschreibt einen weit ausholenden Bogen um den äusseren Gesässteil, gelangt lateral von dem äusseren Ende der Gesässfurche nach unten und ein wenig nach innen ziehend zur hinteren Oberschenkelfläche, an welcher sie nicht weit von dem äusseren Rande derselben entfernt hinunter läuft, wobei sie entsprechend dem Abgange der intersegmentalen Grenzlinien $\mathbf{L}_{3/4}$ einen Knick zeigt. Sie passiert die Kniekehle unweit ihres äusseren Randes ($^1/_5$ der Breite der hinteren Fläche von ihm entfernt) und biegt dann am oberen Teil des Unterschenkels nach aussen und unten ab, durchläuft schräg abwärts und nach vorn gerichtet die äussere Fläche der Wade und gelangt so auf die vordere Unterschenkelfläche. Hier zieht sie in einem flach nach aussen konvexen Bogen abwärts, wobei sie dicht nach aussen von der vorderen Schienbeinkante zu liegen kommt, überschreitet im Verlauf der Sehne des Extensor hallucis den Fussrücken gegen die grosse Zehe hin, auf welcher sie, dicht neben dem der 2. Zehe zugewandten Rande die Spitze erreicht, um sich mit der vorderen Axiallinie zu vereinigen.

Jede der beiden Axiallinien beschreibt somit eine lang hingestreckte Halbspirale um das Bein, die vordere von vorn nach hinten, die hintere von hinten nach vorn, beide wenn auch nicht gerade parallel, so doch gleich laufend. Die vordere gelangt wie am Arm zur Beugefläche, die hintere schliesslich zur Streckfläche.

Im grossen und ganzen entspricht der Verlauf der Axiallinien nach meinen Befunden den Angaben der Autoren. Jedoch habe ich denselben mit grösserer Genauigkeit feststellen und verzeichnen können als es die bisher vorliegenden Mitteilungen tun.

So z. B. was den Ursprung und die oberste Strecke der vorderen Axiallinie, ferner die Art und den Ort ihrer Biegungen und ihren Endverlauf am Fuss und der grossen Zehe betrifft; desgleichen bezüglich der Einzelheiten des Verlaufs der hinteren Axiallinie und ihrer Endigung am distalen Abschnitt der Extremität. Seiffer lässt die vordere Axiallinie in der Gegend des inneren Knöchels endigen, die hintere am inneren Rand des Zehenballens. Flatau zeichnet beide Linien nur ungefähr bis zur halben Höhe des Unterschenkels. Aehnlich Wichmann. Der Verlauf auf der grossen Zehe ist bisher nicht festgestellt worden. Vielmehr wird angenommen, dass die Axiallinie sich um den inneren Fussrand (Malleolus int. oder Grosszehenballen) herumschlägt, aber nicht über die Zehen geht, so dass der Fuss lateral von der Axiallinie liegt (Sherrington). Auch das distale Ende der Hand mit den Fingern soll nach Sherrington ungefähr halbwegs zwischen der dorsalen und volaren Axiallinie liegen, wie das Fussende mit den Zehen, also entsprechend den „mid-lateral lines“ des Rumpfes d. h. den beiden Seitenlinien des Rumpfes. Ich muss dies bestreiten. Die Axiallinie der oberen Extremität geht über den Mittelfinger, der unteren Extremität über die grosse Zehe. Gerade die über letztere verlaufende Axiallinie ist, was sich besonders für die an der Streckseite gelegene (hintere) erweisen lässt, von ausgesprochener Schärfe, so dass sie der Ueberlagerung durch hyperalgetische Felder einen grossen Widerstand entgegensetzt (vgl. die Zehengebiete in meiner Strukturarbeit, Fig. 45 nebst Text). Das gleiche gilt von der über den Mittelfinger verlaufenden Axiallinie.

Die Axiallinien der unteren Extremität sind im ganzen schärfer als die der oberen.

Die vordere Axiallinie entspricht der volaren Axiallinie des Arms, die hintere der dorsalen. Die vordere bleibt von vorn herein ihrem Charakter treu, indem sie sich an die Beugefläche hält, während die hintere am Oberschenkel gleichfalls die Beugefläche bestreicht, weil die Sakralbezirke nicht hinreichend in die Breite entwickelt sind, um die Axiallinie auf die vordere Seite des Oberschenkels zu drängen. Es besteht ein sehr ungleiches Verhältnis der beiderseitigen unmittelbar an die hintere Axiallinie in ihrem proximalen Abschnitt anstossenden Bezirke: auf der kranialen Seite die mächtig in die Breite entwickelten **L_2** und **L_3**, auf der kaudalen nur das schmale und lange **S_2**.

Die Segmente der unteren Extremität beginnen mit **L_2**, welches sich an **L_1** (siehe oben) nach unten ansetzt. Die untere Grenze entspricht in ihrer ersten Strecke der hinteren Axiallinie, geht also in der Höhe des oberen Kreuzbeinrandes aus der dorsalen Mittellinie hervor.

Hier befinde ich mich nicht in Uebereinstimmung mit der üblichen Darstellung, nach welcher die hintere Axiallinie auf ihrem ersten Wege mit der unteren Grenze von D_{12} zusammenfällt (Seiffer, Flatau u. a.) und die Lumbalbezirke überhaupt nicht an die dorsale Mittellinie anstossen (vgl. das oben bei L_1 gesagte). Nach einigen Autoren soll L_2 mit L_1 ein gemeinschaftliches Gebiet haben. Ueber die sonstigen Angaben vgl. Wichmann.

Ich finde eine in der Höhe der Gesässfalte von der hinteren Axiallinie sich abzweigende intersegmentale Grenze, welche schräg nach unten und aussen verläuft, sich um die äussere Fläche nach der vorderen herumschlägt und ihren schräg absteigenden, leicht geschwungenen Verlauf fortsetzend zum innern Rande des Kniegelenks gelangt; hier windet sie sich wieder zur hinteren Fläche des Beins zurück, bildet einen ziemlich scharfen Bogen aufwärts und mündet kurz in die vordere Axillarlinie ein. Nach ihrer Lage und den weiter folgenden Grenzlinienermittelungen muss ich diese sehr präzis herauszuschälende Linie als untere Grenze von L_2 ansprechen.

L_2 hat hiernach eine grosse Ausdehnung und eine interessante Verbreitung. Es beginnt schmal, um absteigend zu grosser Breite anzuwachsen, und endet wieder stark verjüngt. In seinem Verlauf windet es sich von der dorsalen Mittellinie um den Oberschenkel nach vorn und schliesslich wieder nach hinten. Indem es von der dorsalen bis zur ventralen Mittellinie reicht, ist es homolog L_1 und den Rumpfzonen.

L_3 hat keinen Anschluss mehr an die dorsale Mittellinie des Rumpfs, sondern lehnt sich an die Axiallinie des Beins an. Die untere Grenze geht aus der hinteren Axiallinie steil abwärts und nach aussen verlaufend hervor; sie setzt die Richtung der Axiallinie, welche oberhalb des Abgangs dieser Grenzlinie einen Knick zeigt, fort, während erstere leicht nach hinten ausbiegt, schlägt sich um die Aussenfläche des Oberschenkels dicht über dem Knie nach vorn und zieht, weniger steil, in sanfter bogenförmiger Krümmung unter dem Knie über die vordere Fläche des Unterschenkels nach dessen medialem Rande, um dort in scharfer aufwärts gerichteter Biegung auf die hintere Fläche zu treten und in die vordere Axiallinie einzumünden. Wir sehen hier wieder die starke Verjüngung des spinalen Feldes an seinem distalen Ende und den nach oben umkehrenden, Ansa-artigen Verlauf der Grenze, noch mehr ausgeprägt als bei L_2.

L_3 ist von erheblich geringerer Ausdehnung als L_2. Dass es sich tatsächlich um L_3 handelt, kann nicht zweifelhaft sein, zumal seine Lage annähernd derjenigen entspricht, welche nach den ungefähren Angaben einiger Autoren diesem Segment zugewiesen wird (vgl. die Schemata von Seiffer und Flatau und die Angaben bei Wichmann).

L_4 hat eine im Vergleich zu den vorbesprochenen Feldern ganz abweichende Gestaltung. Es legt sich breit an die hintere Axiallinie an, erreicht aber die vordere Axiallinie nicht. Als untere Grenze des Gebiets ist eine intersegmentale Grenzlinie anzusprechen, welche aus der

Axiallinie in der Höhe des Fussgelenks entspringt, steil aufwärts und zum medialen Unterschenkelrande verläuft, sich um diesen herumschlägt und an der hinteren Fläche in die oben beschriebene Ansa-förmige untere Grenze von L_3 einmündet.

Bezüglich der sehr auseinandergehenden Angaben in der Literatur vgl. Wichmann. Die Darstellung welche dieser Autor von L_4 gibt, sowie diejenige, welche sich bei Seiffer und Flatau findet, deckt sich im groben mit der meinigen.

L_5 liegt in der Verlängerung von L_4 der Axiallinie medialwärts an. Es nimmt den Raum zwischen hinterer und vorderer Axiallinie ein, reicht distalwärts bis zur Vereinigung dieser beiden Linien an der Spitze der grossen Zehe und wird proximal durch die vorher beschriebene untere Grenze von L_4 begrenzt. Es sitzt der inneren Fläche des Unterschenkels als ein langer schmaler, von oben hinten nach unten vorn ziehender Streifen auf und bekleidet die innere Fläche des Fusses nebst einem medialen Anteil des Fussrückens und der Fusssohle (Fig. 11, Taf. III).

Ich muss den eben beschriebenen Bezirk als L_5 auffassen, wenn er auch dem, was von den sehr divergierenden Autoren als L_5 bezeichnet wird, wenig entspricht. Dass L_5 an der Aussenseite des Fusses und Unterschenkels gelegen sei (siehe Wichmann), halte ich nicht für wahrscheinlich. Die zwischen L_4 und L_5 von mir aufgefundene intersegmentale Grenzlinie ist sehr scharf ausgeprägt; ich kann daher nicht annehmen, dass das von mir als L_5 bezeichnete Gebiet etwa L_4 mitangehört. Die Lage der Axiallinie sowie der Umstand, dass die nunmehr zu besprechenden Felder sicherlich als sakrale anzusprechen sind, lassen für L_5 kein anderes Gebiet zu als das von mir beschriebene.

Die sakralen Gebiete werden am besten in umgekehrter Reihenfolge, mit S_5 beginnend, beschrieben.

An dem medialen Teil des Gesässes lassen sich Gebiete umgrenzen, wie ich sie als S_5 und S_4 gezeichnet habe. Ihre Lage stimmt mit den bisherigen Angaben ziemlich überein. Zwischen S_5, S_4 und S_3 finden umfangreiche Ueberlagerungen statt, welche in Fig. 10, Taf. III dargestellt sind. Man sieht wie die hyperalgetischen Felder sich gegenseitig verschieben. Bezüglich des näheren vgl. die Erklärung der Figur. Aus der Abbildung geht hervor, dass die Umgrenzung von S_5 bzw. S_4 nicht einfach ein Halboval ist, sondern eine sanfte Einbiegung zeigt (entfernt ähnlich der Zeichnung von Kocher) und dass die Grenze an der unteren medialen Partie der Hinterbacke sich nach oben und innen gegen die Crena ani zurückwendet. Die Analgegend scheint sowohl S_5 wie S_4 anzugehören; letzteres Gebiet greift auch auf das Perineum über.

S_3. Die laterale Grenzlinie geht aus der dorsalen Mittellinie im oberen Teil des Kreuzbeins hervor, verläuft nach unten und aussen gekrümmt über das Gesäss und die Gesässfalte und sodann an der hinteren Oberschenkelfläche gerade herunter, bis sie etwa an der Grenze des mittleren und unteren Drittels des Oberschenkels auf die vordere Axiallinie stösst, in welche sie spitzwinklig einmündet.

S_3 versorgt somit einen medialen Anteil der Gesässbacke, einen Streifen der medialen hinteren Oberschenkelfläche, Perineum, die Genitalien bis zu jenem Punkt, wo die vordere Axiallinie aus der ventralen Mittellinie hervorgeht („Reithosen-Anästhesie"), Diese Umgrenzung entspricht in befriedigender Weise den bisherigen Kenntnissen über S_3 (Fig. 14, Taf. III).

S_2 ist der längste aller Beinbezirke; es durchzieht die gesamte Unterextremität bis zu ihrem distalen Ende. Am Gesäss setzt sich S_2 lateral an S_3 an und wird nach aussen von der hinteren Axiallinie begrenzt. Ebenso in den oberen zwei Dritteln des Oberschenkels. Weiter nach unten füllt S_2 den Raum zwischen den beiden Axiallinien aus. Am obersten Teil der Wadengegend zweigt aus der hinteren Axiallinie, dicht unterhalb des Knicks, mit welchem dieselbe hier die Richtung nach vorn und aussen einschlägt, eine Grenzlinie ab, welche mit leichter Bogenbildung abwärts verläuft, sich hinter dem Malleolus externus auf den Fussrücken schlägt und an dem Spalt zwischen 4. und 5. Zehe endigt. Zwischen dieser Linie und der vorderen Axiallinie bleibt an der hinteren Unterschenkelfläche ein langes schmales Feld, welches die Fortsetzung von S_2 ist. Es nimmt einen mittleren Streifen der hinteren Unterschenkelfläche ein, zwischen den eben genannten nahezu parallel verlaufenden Grenzlinien. S_2 setzt sich dann über die Ferse hinweg zur Fusssohle fort (Fig. 13, Taf. III). Es wird hier medialwärts durch eine intersegmentale Grenzlinie begrenzt, welche aus der vorderen Axiallinie hinter dem Malleolus int. hervorgeht und schräg über die Ferse hinweg zum Spalt zwischen 4. und 5. Zehe zieht (also eine der vorher beschriebenen Fussrückenlinie analoge Lagerung hat).

S_2 liegt somit am Fuss zwischen dieser und der mit ihr korrespondierenden Fussrückenlinie. Es bekleidet am Fuss einen lateralen Anteil der Fusssohle, den äusseren Fussrand und einen lateralen Streifen des Fussrückens bis zur Grenze zwischen 4. und 5. Zehe und endigt hier stark verjüngt.

Die Darstellungen der Autoren von S_2 gehen auseinander. Mein Gebiet zeigt in den Grundzügen mit den Angaben von Wichmann Uebereinstimmung. Die von mir angegebene Abgrenzung am Fuss halte ich für ganz sicher. Die intersegmentalen Grenzlinien, welche dorsal wie plantar zum Spalt zwischen 5. und 4. Zehe hinführen, sind ausserordentlich scharf und bestimmt.

S_1. Die oben beschriebene intersegmentale Grenzlinie, welche am oberen Teile des Unterschenkels hinten von der hinteren Axiallinie abzweigt und am Fussrücken zwischen 4. und 5. Zehe endigt, bildet zugleich die Grenzlinie von S_1. Das Feld, welches durch die Abspaltung dieser Grenze aus der Axiallinie zwischen beiden Linien gebildet wird, kann nur S_1 sein. Es bekleidet als langer Streifen die äussere, hintere äussere und vordere äussere Fläche des Unterschenkels und schlägt sich nach vorn auf den Fussrücken, dessen mittleres Gebiet von der Sehne des Extensor hallucis bis zum 4. Metatarsus einschliesslich es versorgt (Fig. 12, Taf. III).

Durch die Abspaltung der korrespondierenden Grenzlinie der Fusssohle von der vorderen Axiallinie (hinter dem Condylus int.) wird zwischen beiden Linien ein Feld gebildet, welches einen Teil der Fusssohle und ein wenig die Ferse bekleidet (Fig. 13, Taf. III). Man muss dieses Feld gleichfalls S_1 zuweisen, nicht nur, weil ein anderes Segment nicht mehr in Betracht kommt, sondern vor allem wegen der mit dem soeben beschriebenen S_1 korrespondierenden Umgrenzungsverhältnisse.

S_1 ist somit ein in einen dorsalen und ventralen Anteil gespaltener Bezirk, der einzige dieser Art, welchen ich aufgefunden habe. Das Vorkommen solcher Spaltungen ist für andere Bezirke verschiedentlich behauptet worden und ist nach dem Typus der segmentären Projektion sehr wahrscheinlich.

Auch Flatau zeichnet S_1 gespalten. Dass S_1 sowohl am Fussrücken wie an der Fusssohle zu finden ist, wird auch durch anatomische Gründe wahrscheinlich gemacht. Vgl. bezüglich der Meinungsdifferenzen Wichmann.

Infolge der Spaltung von S_1 wird S_2 am Fuss beiderseits von S_1 eingerahmt.

Das Vorhandensein der Spaltung wird übrigens auch durch folgenden Versuch wahrscheinlich gemacht: Wenn man am Fussrücken im Gebiet von S_1 (proximal von der mittleren Zehe) eine schmerzhafte Klemme anbringt, so entsteht nicht bloss am Fussrücken, sondern auch in dem dreieckigen S_1-Bezirk der Fusssohle eine inselförmige Hyperalgesie. Der Versuch gelingt in der Richtung von der Fusssohle zum Fussrücken in derselben Weise. Die Hyperalgesie ist erheblich geringer als in dem unmittelbar gereizten Bezirk; auch bedarf es einer starken Klemmwirkung, um den Versuch gelingen zu machen.

Das wirkliche Ausmass der Beinbezirke geht aus den Abbildungen 15 und 16, Taf. IV, hervor, welche die flächenhafte Projektion derselben zur Darstellung bringen. Sie zeigen die wahre perspektivisch nicht beeinflusste Form der spinalen Zonen. Die Ausdehnung der letzteren erscheint zum Teil grösser als in den körperlich projizierten Abbildungen. So gewinnt man erst jetzt eine Uebersicht über S_3. Die gewaltige Ausdehnung von L_2 und L_4 tritt klar hervor. Man erkennt den gleichsinnigen Verlauf der beiden Axiallinien, welche, nachdem die eine von vorn, die andere von hinten her zur hinteren Fläche des Beins gelangt sind, an diesem parallel hinunter bis zum Fuss verlaufen. Auch der Knick nach aussen in der Höhe des Knies wird von beiden gleichsinnig und gleichmässig ausgeführt. Das Lageverhältnis der Bezirke zu den Axiallinien tritt deutlicher zu Tage als in den körperlichen Abbildungen. Ebenso das gegenseitige Verhältnis der verschiedenen L-Bezirke und der Ursprung der L_2—L_4 aus der hinteren Axiallinie sowie der zierliche Ansatz von L_2 und L_3 an der vorderen Axiallinie.

Figur 2.

Obere Extremität.

Vordere Axiallinie. Kranial Kaudal — Hintere Axiallinie. Kaudal Kranial

C4
D2+3
C5
D1
C6
C7
C8
D2+3
C4
D1
C5
C6
C8
C7

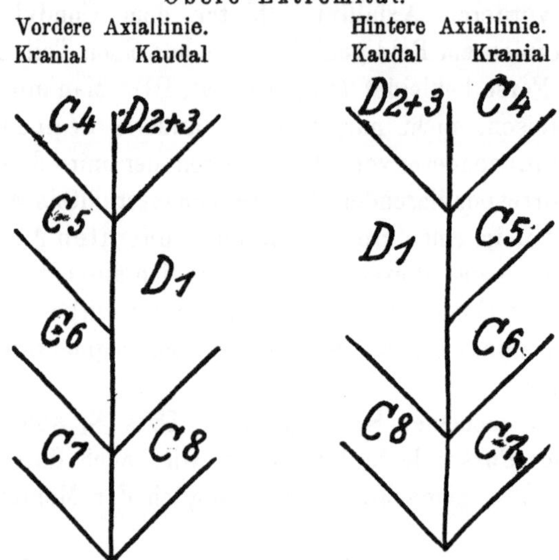

Figur 3.

Untere Extremität.

Vordere Axiallinie. Kranial Kaudal — Hintere Axiallinie. Kaudal Kranial

L1
S3
L2
L3
S2
L5
S1
L2
S2
L3
L4
S1
L5

Während an der oberen Extremität das Lageverhältnis der Spinalbezirke zur vorderen und hinteren Axiallinie ein gleichartiges ist, zeigt sich am Bein ein Unterschied insofern, als hier die Zonen L_1 und S_3 nur mit der vorderen, aber nicht mit der hinteren Axiallinie in Berührung treten. Ferner tritt L_4 wohl an die hintere, aber nicht an die vordere Axiallinie.

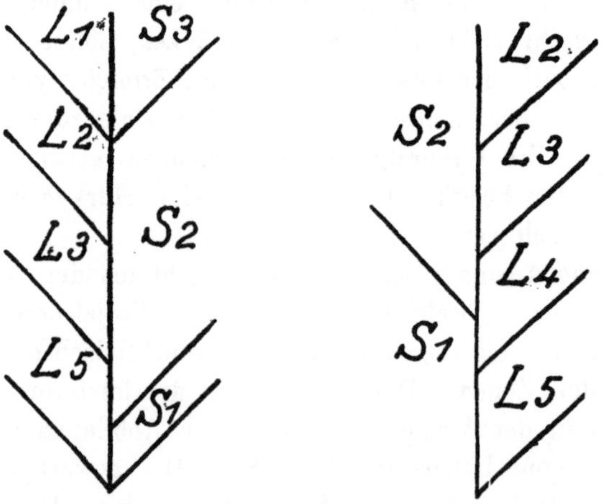

Eine dem „Aermelloch“ analoge Bildung gibt es am Bein nicht. Eine Spaltung des Spinalbezirks wie bei S_1 findet sich am Arm nicht. Die Gestaltung der Fussbezirke ist eine wesentlich andere als die der Handbezirke.

Eine schematische Uebersicht über die Beziehungen der spinalen Hautterritorien zu den Axiallinien gewähren die umstehenden Abbildungen 2 und 3. Man findet den Sherrington'schen Hinweis, dass kranialwärts von den Axiallinien mehr Spinalzonen liegen als kaudalwärts, sowohl an der oberen wie an der unteren Extremität bestätigt. Die Anordnung der Spinalgebiete an der kranialen und kaudalen Seite der Axiallinien ist insofern eine gegensätzliche, als an der ersteren die Aufeinanderfolge der Gebiete einen absteigenden, an der letzteren einen aufsteigenden Typus zeigt (Herringham).

Wenn man das **Trigeminusgebiet** mittels der Hyperalgesiemethode analysiert, so stellt sich das bemerkenswerte Ergebnis heraus, dass es in drei Bezirke zerfällt, welche genau den Innervationsgebieten der drei Aeste entsprechen. Sie überlagern sich auffallend wenig, relativ am stärksten ist die Ueberlagerung des 1. und 2. Trigeminusbezirks; dagegen überlagert der 3. Trigeminusbezirk den Halsbezirk C_2.

In ihrem von vorn nach hinten schräg aufsteigenden Verlauf schliessen sich die Trigeminusgebiete an die zervikalen an.

Man muss somit schliessen, dass das Innervationsgebiet des Trigeminus eine metameren Bau zeigt und dass die drei Aeste drei Wurzelbezirken entsprechen, wofür auch Sherrington eingetreten ist.

Erklärung der Abbildungen auf Tafeln I—IV.

Figur 1. Spinale Hautbezirke. Vorderansicht.

Die Rippen sind nur an der einen Hälfte des Thorax gezeichnet, um die Grenzlinien deutlicher hervortreten zu lassen. Die Geschlechtsteile sind nur rechts gezeichnet; die gebrochene Linie liegt an der hinteren Fläche des Skrotums.

Figur 2. Spinale Hautbezirke. Hinteransicht.

Die Grenzlinien der Bezirke sind nicht ganz bis zur dorsalen Mittellinie durchgezogen worden, um ein Zusammenlaufen mit den Dornfortsatzkonturen zu vermeiden. Man muss sie sich um eine bezügliche Strecke nach hinten oben verlängert denken.

Zu beiden Abbildungen ist zu bemerken, dass die Ueberlagerungsgebiete nicht mit angegeben sind. Es ist folglich zu jedem Bezirk je ein in den kranialwärts und kaudalwärts anstossenden Bezirk hineinragendes Gebiet zu ergänzen.

Auch die Ueberlagerungen an der ventralen und dorsalen Mittellinie sind nicht mitgezeichnet.

Die mit Punkten besetzten Linien sind die Axiallinien.

Figur 3. Halsbezirke von der Seite gesehen.

Figur 4. Halsbezirke von vorn gesehen.

Figur 5. Endigungen der Rumpfbezirke an der dorsalen Mittellinie.

Die Abbildung zeigt den Verlauf der intersegmentalen Grenzlinien und die Gestaltung der Felder in ihrem Verhältnis zur dorsalen Mittellinie.

Figuren 6 und 7. Ansatz der Armbezirke an den Rumpfbezirken.

Die Figuren zeigen den Ansatz der Armgebiete an die Rumpfgebiete von vorn und hinten.

Die Bogenbildung geht einerseits durch die Achselhöhle, deren Kuppe sie schneidet, andrerseits über den Deltamuskel. Während die querverlaufenden Bogen den proximalen Abschluss der Armbezirke D_1 und C_5 bilden, lassen sie zugleich die zungenförmigen Ueberlagerungsanteile der Rumpfzonen C_4 und D_{2+3} über sich hinwegziehen. Jede dieser beiden Zungen zeigt einen mittleren Einschnitt, welcher der ulnaren bzw. radialen „segmentalen Mittellinie“ entspricht. Das Ueberlagerungsgebiet erscheint hiernach mehr herz- als zungenförmig.

Auch von den Armbezirken aus bilden sich bei starker Klemmenwirkung proximalwärts die anliegenden Rumpfbezirke übergreifende Ueberlagerungsgebiete, welche in die Abbildung nicht mit aufgenommen sind. Hyperalgetische Felder von nicht übermässiger Stärke schliessen jedoch bei den verschiedensten Intensitätsgraden mit grosser Regelmässigkeit an den Querbogenlinien ab.

Figuren 8 und 9. Ueberlagerung am Rumpfansatz der oberen Extremität.

Die Abbildungen dienen dazu, um das Uebergreifen der Rumpfbezirke C_4 und D_{2+3} auf den Arm noch deutlicher kenntlich zu machen als es in Figur 7 und 8 geschehen konnte. Die zungenförmige Ueberlagerung findet an der inneren (dem Rumpf zugekehrten) und äusseren (von ihm abgewendeten) Fläche des Oberarms statt. Die einzelnen Bogenlinien zeigen die nach dem Grade der Hyperalgesie wechselnde Ausdehnung der Ueberlagerung. Der Einschnitt an der segmentalen Mittellinie ist nicht zur Darstellung gebracht (vgl. Figur 6 und 7).

Figur 10. Ueberlagerung der Sakralbezirke.

Ueberlagerung der Bezirke bei Verschiebung der Klemme von der dorsalen Mittellinie aus und in der Höhe.

Es sind drei Typen von Bezirken erkennbar, jeder durch drei Umgrenzungsgebiete vertreten. Der erste Typ (———) entspricht der der Mittellinie nahen Klemmenlage und zeigt die Gebiete von der Art der beiden letzten Sakralbezirke (5 und 4).

Der zweite Typ (. . . . .) entspricht einer seitlich etwas entfernteren Lage der Klemme und zeigt Bezirke, deren mediale Grenze sich von der dorsalen Mittellinie mehr und mehr zurückzieht, während die laterale Grenze einigermassen konzentrisch zur lateralen Grenze der Sakralbezirke fortschreitet. Der Verlauf der medialen Grenze, welche die Mittellinie des Kreuzbeins berührt bzw. nahezu berührt und nach unten wie nach oben von derselben zurücktritt, erinnert an den Abschluss der Rumpfsegmente an der Vertebrallinie. Es handelt sich hier um die mediale Grenze von S_4, welche in dieser Form S_5 überlagert. Lateralwärts greift S_4 in das Gebiet von S_3 über; auch müssen Ueberlagerungsanteile, welche S_3 angehören und in S_4 einstrahlen, mitgefasst sein; dadurch erklärt sich die laterale Begrenzung des 2. Typs.

Der dritte Typ (— — —) entspricht einer weiteren Verschiebung der Klemme in seitlicher Richtung und nach oben. Der Bezirk dehnt sich nach aussen und oben immer mehr aus. Die mediale Grenze zeigt einen Verlauf, welcher die mediale Grenze des vorigen Typs schneidet und scheinbar eine entgegengesetzte Orientierung besitzt. In Wirklichkeit aber erkennen wir wieder den Abschluss der Rumpfzonen an der dorsalen Mittellinie. Die mediale Grenze des Bezirks berührt dieselbe und tritt nach oben und unten von ihr zurück; der Unterschied gegenüber dem 2. Typus besteht nur darin, dass die Anlagerung an die dorsale Mittellinie höher oben, am obersten Teil des Kreuzbeins bzw. untersten Teil der Lendenwirbelsäule stattfindet.

Es handelt sich hier um die mediale Grenze von S_3, welche S_5 und S_4 in dieser Weise überlagert, sowie um ein S_3 angehörendes Ueberlagerungsgebiet, welches in S_2 einstrahlt, bzw. um Teile von S_2, welche von dem in S_3 einstrahlenden und S_2 angehörenden Ueberlagerungsgebiet aus mitgefasst worden sind.

Man erkennt zugleich, wie hier auch die Axiallinie der Ueberlagerung nicht Stand hält.

Figur 11. Innere Seite des Fusses.

Figur 12. Aeussere Seite des Fusses.

Figur 13. Fusssohle.

Figur 14. Perineum, Genitalien und Anus.

Figuren 15 und 16. Flächenhafte Projektion der Beinbezirke.

Die Figuren zeigen die Becken- und Beinbezirke in ihrer wirklichen Gestalt, ohne perspektivische Verkürzung. Sie wurden folgendermassen hergestellt:

Am Bein wurden 4 Linien von oben bis unten gerade herunter gezogen, nämlich eine innere und äussere, welche so bestimmt wurden, dass sie bei der genau nach vorn gerichteten Stellung des Beins den äussersten Rand innen und aussen bezeichneten und zwar von einer Entfernung aus gesehen, welche so bemessen war, dass man die beiden Randlinien sowohl von vorn wie von hinten an den dicksten Stellen des Oberschenkels noch eben erkennen konnte. Ferner eine vordere und hintere Mittellinie. Sodann wurden die Konturen des Beins in dieser Stellung lebensgross aufgezeichnet. Die Entfernungen der äusseren und inneren Randlinie von der vorderen bzw. hinteren Mittellinie wurden dann an zahlreichen Punkten des Beins ausgemessen und nach den erhaltenen Ergebnissen eine Zeichnung der wirklichen Breite der vorderen und hinteren Beinfläche, von Randlinie zu Randlinie hergestellt, welche naturgemäss die perspektivischen Beinkonturen beiderseits überlagerte. Die schon vorher auf das Bein aufgezeichneten Bezirke wurden nunmehr so auf die Zeichnungen der vorderen und hinteren Fläche übertragen, dass die Punkte, wo die Grenzlinien die Randlinien schnitten, genau festgestellt und abgemessen wurden (unter Benutzung anatomisch bestimmter Punkte). Sodann wurden die Linien von der einen zur anderen Randlinie verfolgt und unter genauer Abmessung der einzelnen Linienabschnitte in die Zeichnung eingetragen. So entstand eine genau auf die Fläche abgerollte Darstellung der Bezirke in ihrer wirklichen Grösse und in ihrem Verhältnis zu der perspektivisch gesehenen Form des Beins.

In den Figuren 15 und 16 sind die Linien, um die Form der Bezirke noch deutlicher hervortreten zu lassen, zum Teil noch über die Randlinien fortgeführt worden. Die in der Vorderfläche aussen erscheinenden Grenzlinien finden so ihre Fortsetzung in den in der Hinterfläche aussen erscheinenden und umgekehrt und decken sich zum Teil sogar mit ihnen.

Additional material from *Ueber die spinalen Sensibilitätsbezirke der Haut*, ISBN 978-3-662-34748-5, is available at http://extras.springer.com